Dorfmayr · Mistlbacher · Sator · Zillner

thema mathematik

Kompetenztraining

8

8. Klasse

VERITAS
Gemeinsam besser lernen

Inhaltsverzeichnis

Zu diesen Abschnitten sind keine Aufgaben abgebildet, da sie keine Reifeprüfungs- und Lehrplan-Grundkompetenzen enthalten.

1. Grundlagen der Differentialrechnung

1.1 Flächeninhalt unter dem Graphen einer Funktion

Ziel Flächeninhalte näherungsweise berechnen **AN-R 4.1**

1 AN-R 4.1

Gegeben ist der Graph der quadratischen Funktion f.
Um eine obere Schranke für die Fläche unterhalb der Funktion f im Intervall $[1; 5]$ zu ermitteln, soll eine Obersumme O mit vier Teilintervallen berechnet werden.

Gib einen Term zur Berechnung der gesuchten Obersumme an!

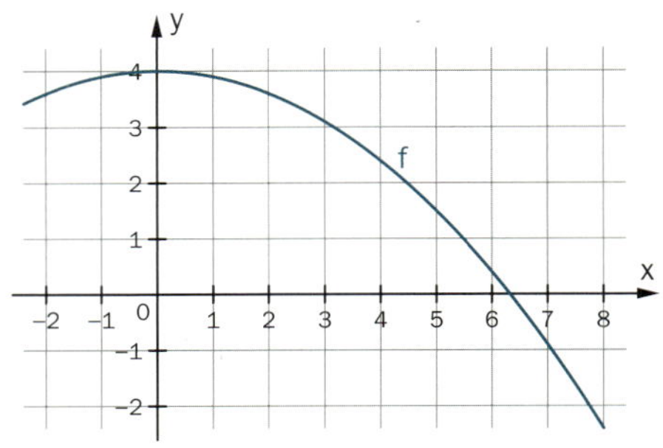

$O =$ ______________________

2 AN-R 4.1

Die Fläche unter dem Graphen von f soll im Intervall $[-2; 4]$ abgeschätzt werden.
Ordne jeder Produktsumme den entsprechenden Term (aus A bis F) zu!

Linkssumme	
Rechtssumme	
Untersumme	
Obersumme	

A	$f(-2) + 2 \cdot f(-1) + 2 \cdot f(0) + f(1)$
B	$2 \cdot f(0) + 2 \cdot f(1) + 2 \cdot f(3)$
C	$2 \cdot f(0) + 2 \cdot f(2) + 4 \cdot f(4)$
D	$2 \cdot f(-2) + f(1) + f(2) - 2 \cdot f(3)$
E	$2 \cdot f(-2) + 2 \cdot f(0) + 2 \cdot f(3)$
F	$f(-1) + f(0) + f(1) + f(2) + f(3) + f(4)$

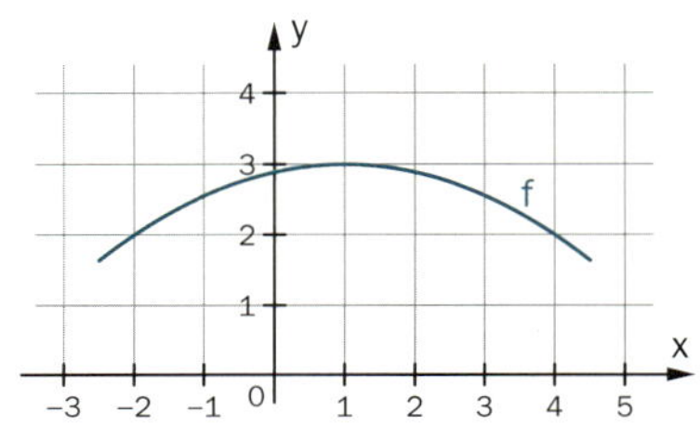

3 AN-R 4.1

Gegeben ist die Funktion $f\colon [0; 6] \to \mathbb{R}$. Der Flächeninhalt zwischen dem Graphen der Funktion und der x-Achse kann mithilfe von Untersummen beliebig genau abgeschätzt werden. Eine Untersumme U_n mit $n > 0$ Summanden ist gegeben durch:

$U_n = \frac{6}{n} \cdot \left(f(0) + f\left(\frac{6}{n}\right) + f\left(2 \cdot \frac{6}{n}\right) + \ldots + f\left((n-1)\frac{6}{n}\right)\right)$

Zeichne die Untersumme U_3 in das gegebene Koordinatensystem ein und gib damit eine untere Schranke für den Wert des Flächeninhalts unter dem Funktionsgraphen an!

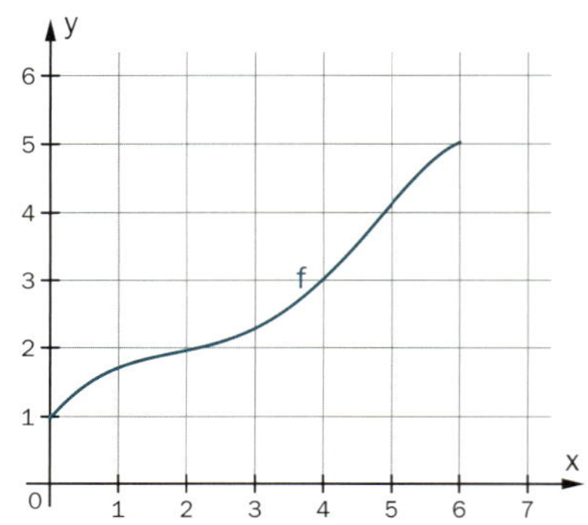

4 AN-R 4.1

Die Funktion $f\colon [-3; 9] \to \mathbb{R}$ ist durch ihre Wertetabelle gegeben.
Schätze die Fläche unter dem Graphen der Funktion f im angegebenen Definitionsbereich durch eine Linkssumme mithilfe von 3 Teilintervallen ab.

x	$f(x)$
−3	6
−1	4
1	5
3	4
5	3
7	0
9	−4

5 AN-R 4.1

Gegeben ist der Graph der Funktion f. Schätze den Flächeninhalt A unter dem Graphen der Funktion f im Intervall $[-4; 6]$ durch eine Rechtssumme mit 5 Teilintervallen ab.

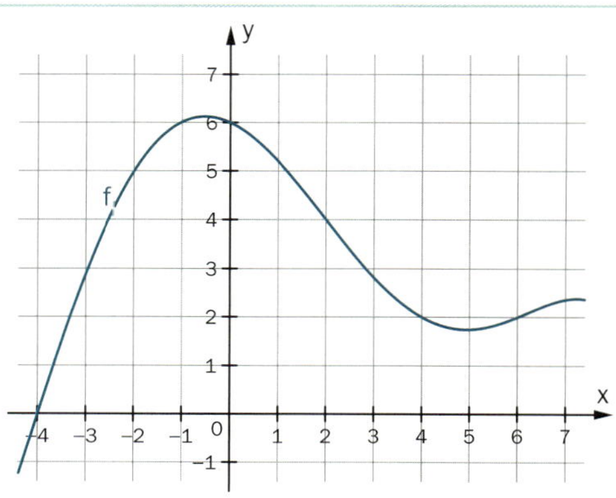

$A \approx$ ______________________ E^2

6 AN-R 4.1

Der Graph einer entlang der senkrechten Achse verschobenen Potenzfunktion f dritten Grades ist gegeben. Außerdem ist im Intervall $[-4; 4]$ eine Untersumme U sowie eine Obersumme O mit jeweils 8 Teilintervallen dargestellt.

Begründe, warum für den Flächeninhalt A zwischen Funktion und x-Achse im Intervall $[-4; 4]$ gilt:

$A = \frac{U + O}{2}$

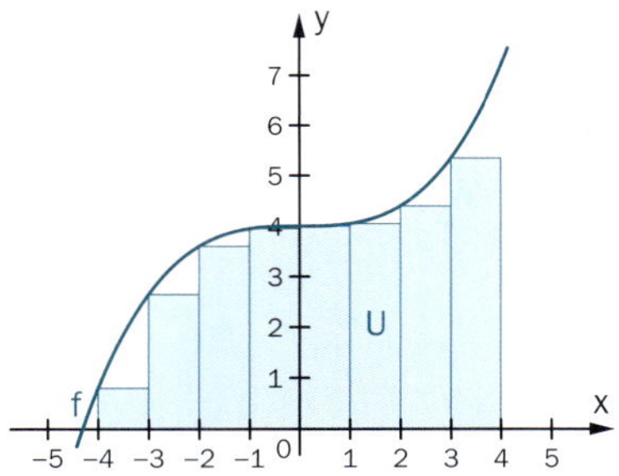

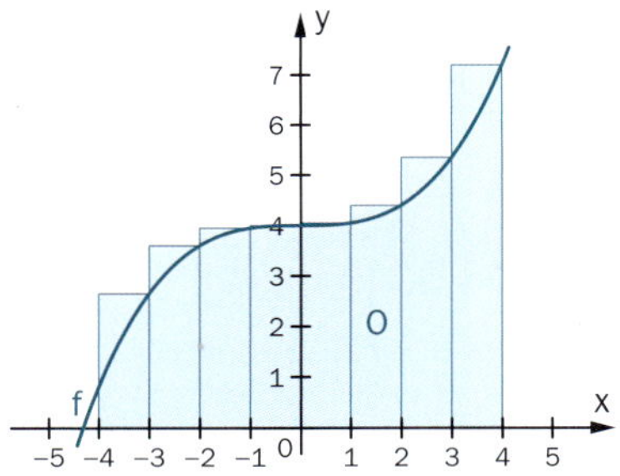

Ziel Flächeninhalte als Grenzwert von Produktsummen deuten und ermitteln **AN-R 4.1**

7 AN-R 4.1

Von der gegebenen Funktion f soll der Flächeninhalt A unter dem Graphen im Intervall $[0; 5]$ ermittelt werden. In der nebenstehenden Abbildung ist eine Obersumme O visualisiert, für die gilt: $O = 22$

Kreuze die beiden zutreffenden Aussagen an!

$O = f(1) + f(2) + f(3) + f(4) + f(5)$	☐
Es gilt: $A - O$ ist positiv.	☐
Erhöht man die Anzahl der Teilintervalle, so erhält man eine Obersumme, die größer ist als die gegebene.	☐
Jede Untersumme im Intervall $[0; 5]$ ist kleiner als 22.	☐
Es gibt eine Obersumme im Intervall $[0; 5]$, die kleiner als 22 ist.	☐

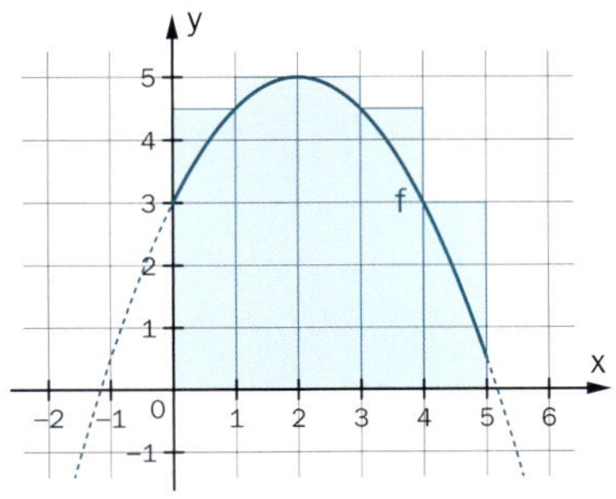

8 AN-R 4.1

Gegeben ist eine Funktion f. Um den Flächeninhalt unter der Funktion f in $[a; b]$ näherungsweise zu ermitteln, werden verschiedene Unter- bzw. Obersummen berechnet. Es sei U eine solche Untersumme und O eine solche Obersumme.

Kreuze die beiden zutreffenden Aussagen an!

Es gilt: $U \leq O$	☐
Je kleiner die Intervallbreite der Teilintervalle ist, desto kleiner ist die Untersumme.	☐
Will man den Flächeninhalt unter dem Graphen von f exakt ermitteln, so muss das Intervall $[a; b]$ in mindestens zehn Teilintervalle zerlegt werden.	☐
Es kann sein, dass O kleiner ist als U.	☐
Die Differenz $O - U$ kann durch Unterteilung des Intervalls $[a; b]$ in sehr viele kleine Teilintervalle beliebig klein gemacht werden.	☐

9 AN-R 4.1

In der Abbildung ist der Graph einer Funktion f und eine Obersumme O_5 mit $n = 5$ Rechtecksstreifen der Breite Δx auf dem Intervall $[a; b] = [0; 10]$ dargestellt.

Kreuze die beiden zutreffenden Aussagen an!

$\Delta x = \frac{a + b}{2}$	☐
Die Obersumme ist größer als der Flächeninhalt, den der Funktionsgraph im Intervall $[0; 10]$ mit der x-Achse einschließt.	☐
Der exakte Flächeninhalt lässt sich mit O_5 berechnen.	☐
Für wachsendes n nähert sich der Wert der Obersumme immer mehr dem exakten Flächeninhalt an.	☐
$O_5 = \Delta x \cdot (f(2) + f(4) + f(6) + f(8) + f(10))$	☐

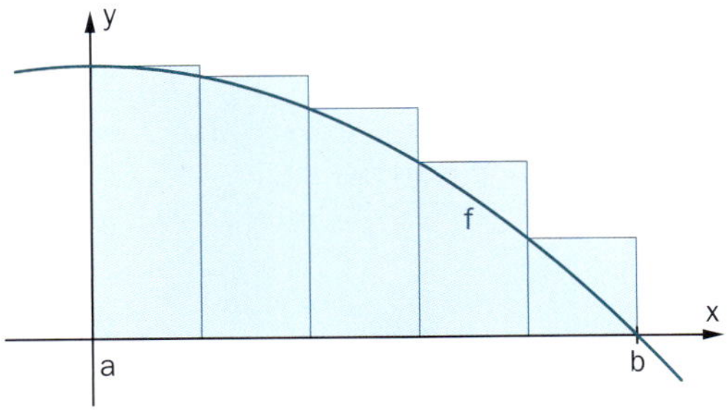

10 AN-R 4.1

In der Abbildung ist der Graph einer Funktion f und eine Untersumme U_5 mit $n = 5$ Rechtecksstreifen der Breite Δx auf dem Intervall $[0;\, a]$ dargestellt.
Kreuze die beiden zutreffenden Aussagen an!

Je kleiner n, umso kleiner ist der Unterschied zwischen der Untersumme und dem Flächeninhalt zwischen x-Achse und Funktionsgraph im Intervall $[0;\, a]$.	☐
Der exakte Flächeninhalt lässt sich mit U_5 berechnen.	☐
$\Delta x = \frac{n}{a}$	☐
$U_5 = \frac{a}{5} \cdot \left(f\left(\frac{a}{5}\right) + f\left(2 \cdot \frac{a}{5}\right) + f\left(3 \cdot \frac{a}{5}\right) + f\left(4 \cdot \frac{a}{5}\right) + f(a)\right)$	☐
Die Untersumme ist kleiner als der Flächeninhalt, den der Funktionsgraph im Intervall $[0;\, a]$ mit der x-Achse einschließt.	☐

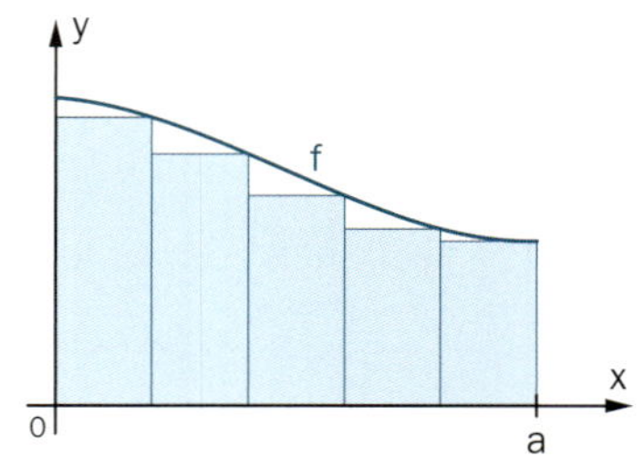

1.2 Das bestimmte Integral

Ziel Bestimmtes Integral als Fläche deuten **AN-R 4.1, 4.3**

11 AN-R 4.1

Die Funktion f ist durch ihren Graphen gegeben.
Stelle das bestimmte Integral $\int_{-2}^{3} f(x)\,dx$ grafisch dar.

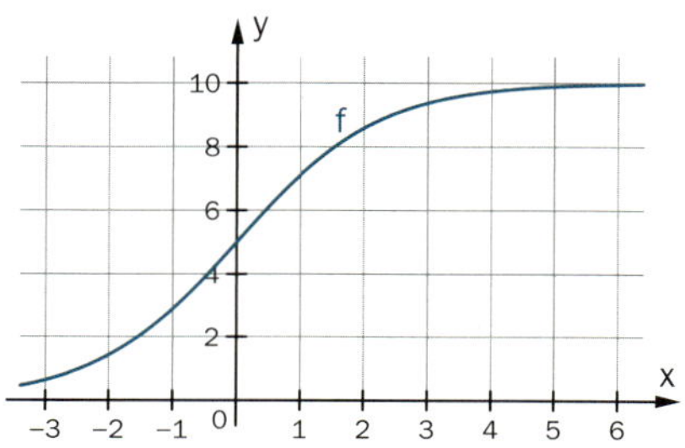

12 AN-R 4.1

Die Funktion f ist grafisch gegeben.
Gib an, ob der Wert $\int_{2}^{4} f(x)\,dx$ kleiner, größer oder gleich dem Wert $\int_{-2}^{0} f(x)\,dx$ ist und begründe deine Entscheidung.

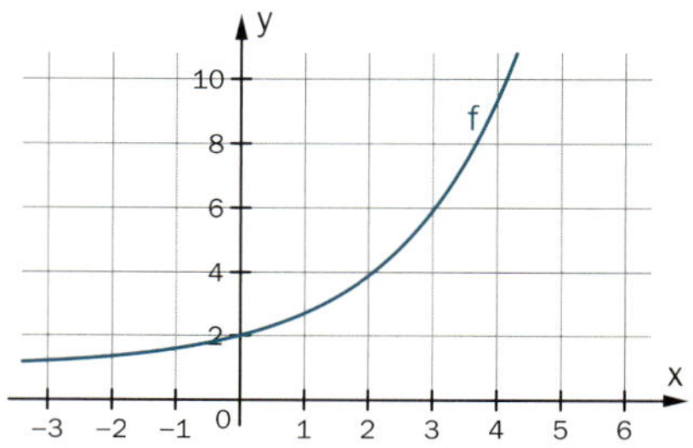

13 AN-R 4.1

Gegeben ist der Graph der Funktion f mit $y = f(x)$. Für alle $x \in \mathbb{R}$ gilt: $f(-x) = f(x)$.
Kreuze die beiden zutreffenden Aussagen an!

$\int_{-4}^{-2} f(x)\,dx < 0{,}5$	☐
$\int_{-4}^{-2} f(x)\,dx < \int_{0}^{1} f(x)\,dx$	☐
$\int_{-4}^{-2} f(x)\,dx = \int_{2}^{4} f(x)\,dx$	☐
$\int_{-4}^{-2} f(x)\,dx > 2$	☐
$\int_{0}^{3} f(x)\,dx < \int_{-2}^{0} f(x)\,dx$	☐

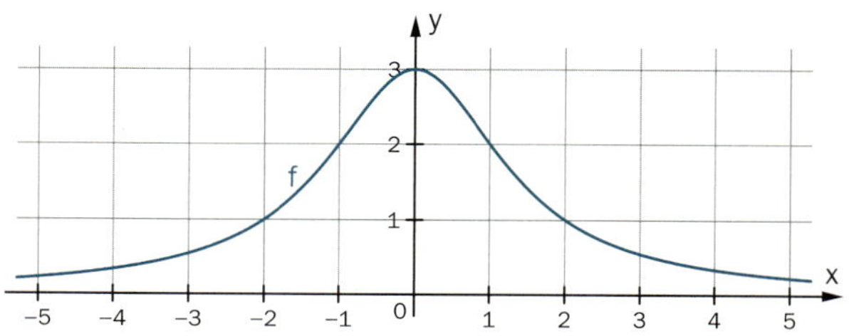

14 AN-R 4.1

Gegeben ist der Graph einer stückweise linearen Funktion f.
Ordne jedem bestimmten Integral jeweils den richtigen Wert (aus A bis F) zu!

$\int_{0}^{3} f(x)\,dx$	
$\int_{-2}^{1} f(x)\,dx$	
$\int_{-2}^{0} f(x)\,dx$	
$\int_{1}^{1} f(x)\,dx$	

A	0
B	1
C	2
D	3
E	4
F	5

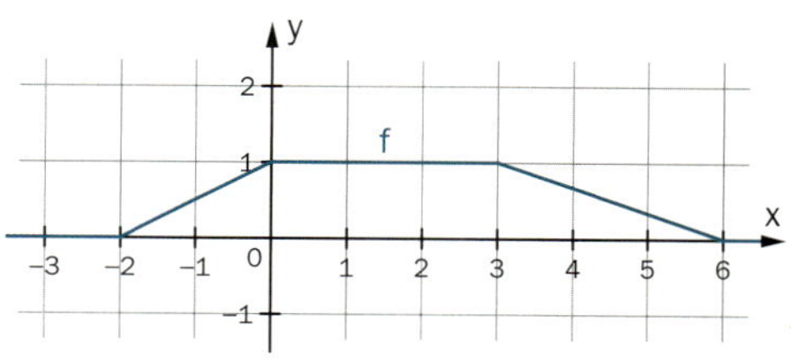

15 FA-R 2.4

Beschreibe den Inhalt der markierten Fläche mithilfe eines bestimmten Integrals und berechne seinen Wert!

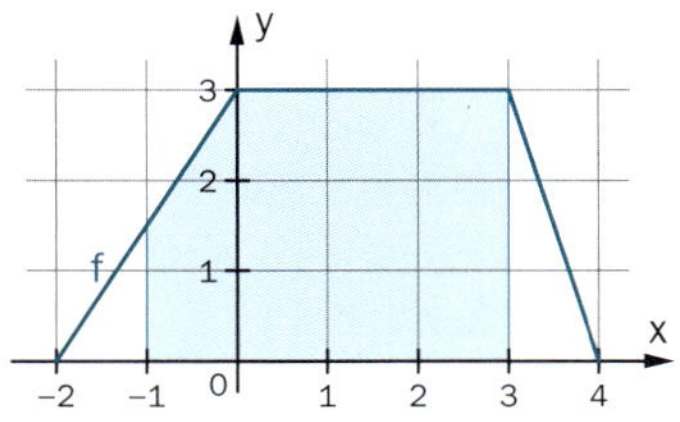

16 AN-R 4.1

Der gegebene Funktionsgraph setzt sich aus einem Geradenstück sowie zwei Viertelkreisbögen zusammen.

Berechne den Wert des bestimmten Integrals $\int_{-1}^{5} f(x)\,dx$.

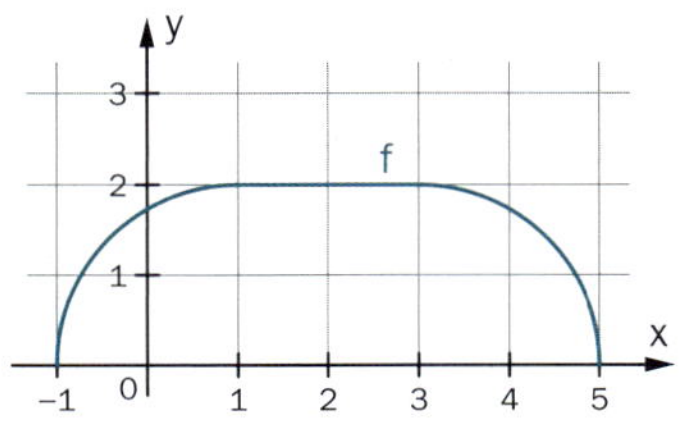

$\int_{-1}^{5} f(x)\,dx =$ ____________

17 AN-R 4.1

Gegeben ist der Graph einer Funktion f. Das Intervall $[a; b]$ wird in drei gleich große Teilintervalle zerlegt. Die zugehörige Untersumme der Funktion f wird mit U_3 bezeichnet.

Kennzeichne den Wert der Differenz $\int_{a}^{b} f(x)\,dx - U_3$ als Flächeninhalt in der gegebenen Abbildung!

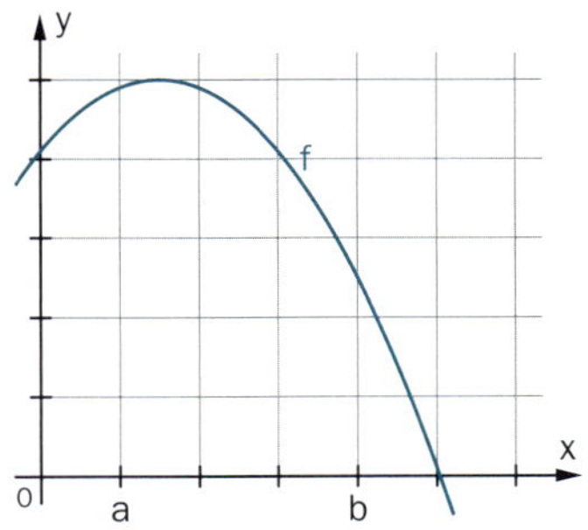

18 AN-R 4.1

Bestimme den Wert von b so, dass $\int_{-1}^{b} f(x)\,dx = 24$ ist.

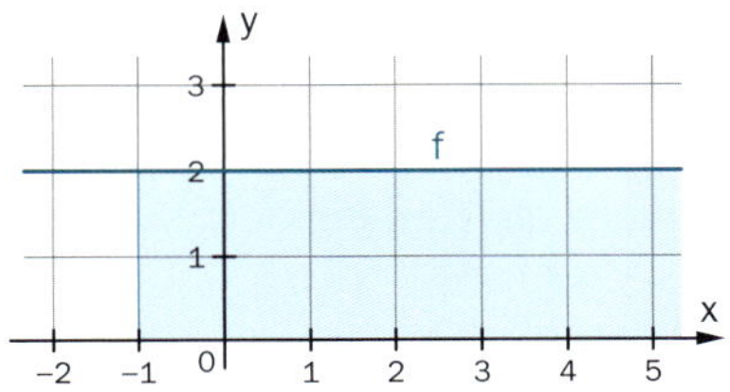

19 AN-R 4.1

Gegeben ist der Graph einer linearen Funktion f sowie das Integral $\int_{0}^{b} f(x) = 16$.

Kennzeichne in der gegebenen Abbildung diejenige Fläche, deren Inhalt mithilfe des Integrals berechnet wird!

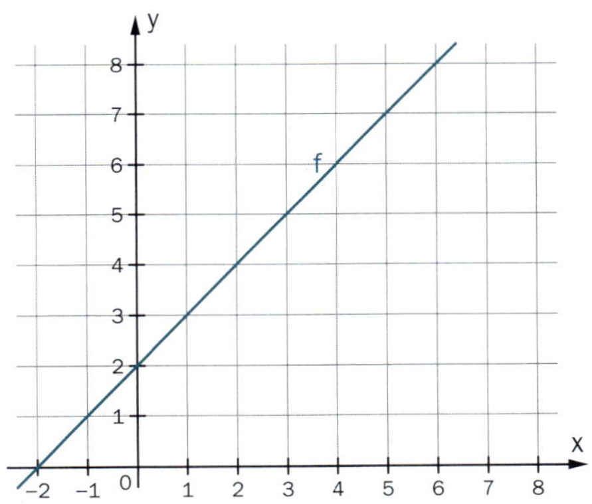

20 AN-R 4.1

Bestimme den Wert von $a > 3$ so, dass das bestimmte Integral den angegebenen Wert besitzt:

$\int_{3}^{a} (2x - 1)\,dx = 50$

$a =$ ____________

21 AN-R 4.1

Die dargestellte Funktion f: $[0; 4] \rightarrow \mathbb{R}$ setzt sich aus Geradenstücken und einem Viertelkreisbogen zusammen.

Bestimme den Wert der oberen Grenze $b \in \mathbb{R}$ so, dass gilt:

$\int_{1}^{b} f(x)\,dx = 1 - \frac{\pi}{4}$

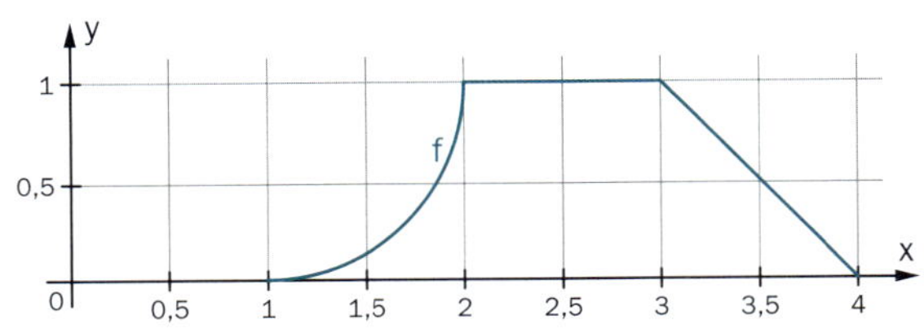

Ziel Riemann-Summen definieren und interpretieren **AN-R 4.1, 4.3**

22 AN-R 4.3

Für die grafisch gegebene Funktion f wird das bestimmte Integral $\int_a^b f(x)\,dx$ ermittelt. Es gilt: $\int_a^b f(x)\,dx < 0$
Kreuze die beiden Wertepaare an, die als Integrationsgrenzen a und b infrage kommen!

$a = 3,\ b = 4$	☐
$a = 1,\ b = 4$	☐
$a = -1,\ b = 0$	☐
$a = 0,\ b = 3$	☐
$a = -1,\ b = 3$	☐

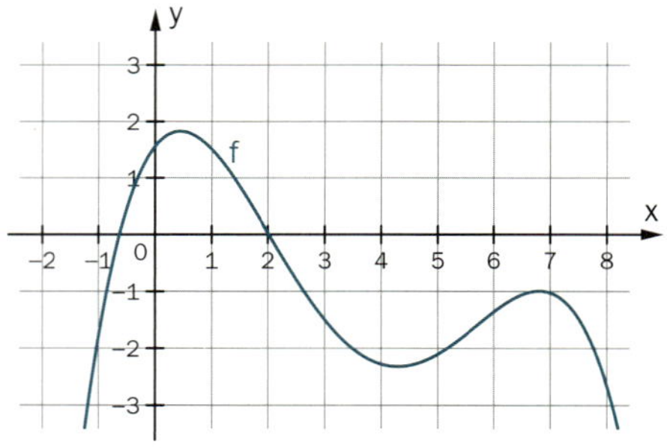

23 AN-R 4.3

Gegeben ist der Graph der reellen Funktion f mit $f(-x) = -f(x)$ für alle $x \in \mathbb{R}$.
Kreuze die beiden zutreffenden Aussagen an!

$\int_{-4}^{0} f(x)\,dx < 0$	☐
$\int_{-1}^{2} f(x)\,dx < 0$	☐
$\int_{-4}^{4} f(x)\,dx = 0$	☐
$\int_{0}^{4} f(x)\,dx > 0$	☐
$\int_{-3}^{2} f(x)\,dx > 0$	☐

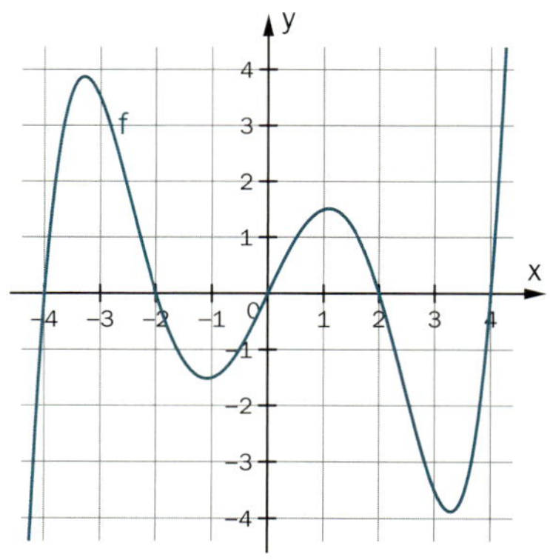

24 AN-R 4.3

Gegeben ist der Graph der reellen Funktion f.
Kreuze die zutreffende(n) Aussage(n) an!

$\int_{-4}^{0} f(x)\,dx > 0$	☐
$\int_{-2}^{1} f(x)\,dx < 0{,}5$	☐
$\int_{-3}^{-1} f(x)\,dx = 0$	☐
$\int_{-4}^{-2} f(x)\,dx > \int_{-2}^{0} f(x)\,dx$	☐
$\int_{-1}^{1} f(x)\,dx > 0$	☐

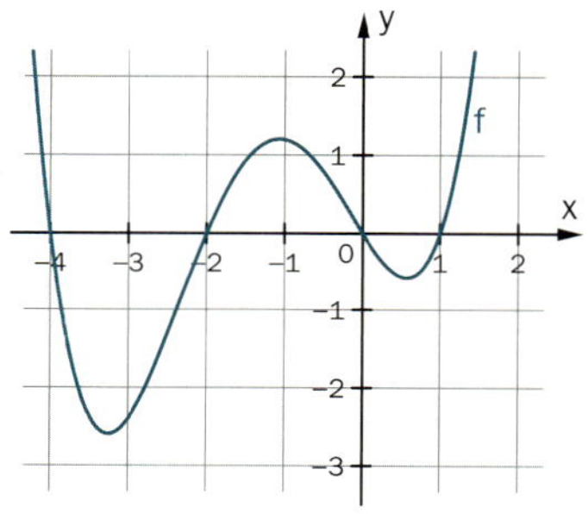

25 AN-R 4.3

Der Graph der Funktion f ist gegeben.
Ordne die bestimmten Integrale der Größe nach. Beginne mit dem kleinsten!

$\int_{-1}^{1} f(x)\,dx,\quad \int_{0}^{2} f(x)\,dx,\quad \int_{1}^{2,5} f(x)\,dx,\quad \int_{2}^{3} f(x)\,dx$

__________ < __________ < __________ < __________

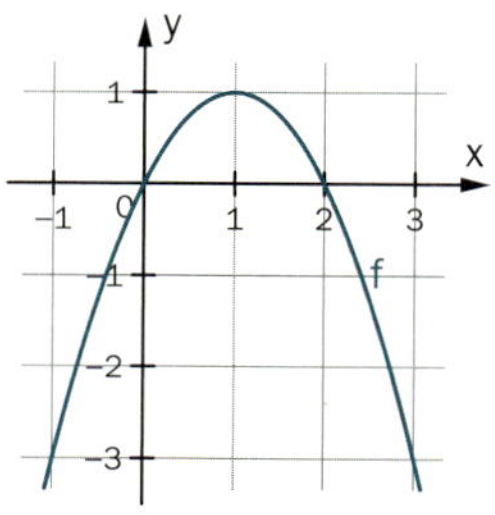

26 AN-R 4.3

Gegeben ist der Graph einer Funktion f sowie der Wert des bestimmten Integrals $\int_2^6 f(x)\,dx$. Es gilt: $\int_2^6 f(x)\,dx = 0$
Kreuze die beiden zutreffenden Aussagen an!

$\int_{2}^{5} f(x)\,dx = \int_{5}^{6} f(x)\,dx$	☐
$\int_{2}^{5,5} f(x)\,dx < 0$	☐
$\int_{2}^{5} f(x)\,dx > \int_{3}^{5} f(x)\,dx$	☐
$\int_{3}^{6} f(x)\,dx > 0$	☐
$\int_{3}^{5} f(x)\,dx > \int_{5}^{5,1} f(x)\,dx$	☐

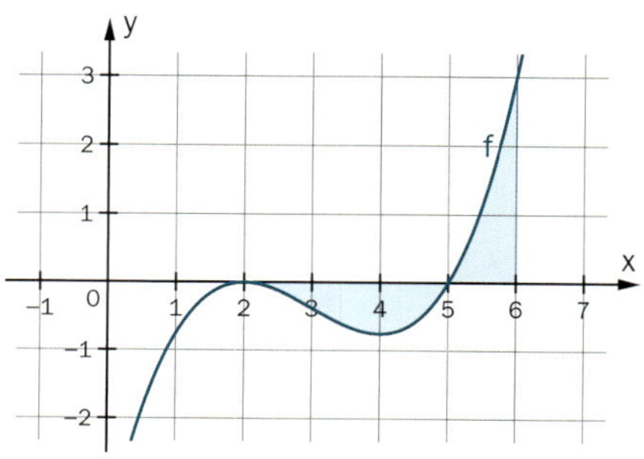

27
AN-R 4.3

Gegeben ist eine Polynomfunktion f vierten Grades mit den Nullstellen a, b, c und d. Es gilt:

- $\int_b^c f(x)\,dx > 0$
- $\int_a^c f(x)\,dx < 0$

Skizziere einen möglichen Graphen von f im gegebenen Koordinatensystem!

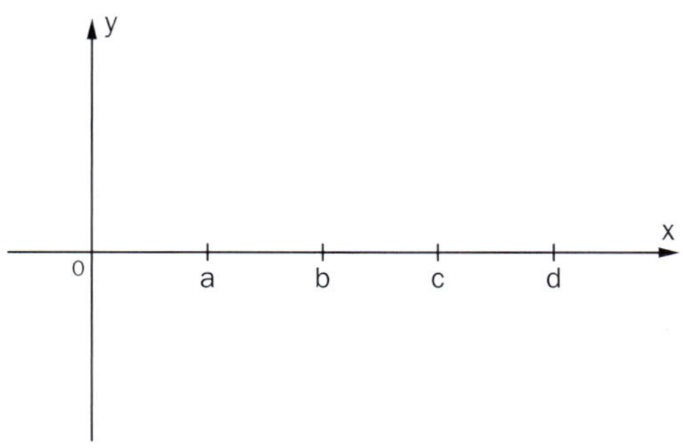

28
AN-R 4.3

Gegeben ist der Graph einer Funktion f sowie die beiden Flächenstücke A_1 und A_2. A_1 ist die Fläche unter dem Graphen von f im Intervall [1; 2] und ist $\frac{5}{12}$ E^2 groß. A_2 wird vom Graphen der Funktion f und der x-Achse im Intervall [2; 4] begrenzt und hat einen Flächeninhalt von $\frac{8}{3}$ E^2.

Gib den Wert des bestimmten Integrals $\int_1^4 f(x)\,dx$ an!

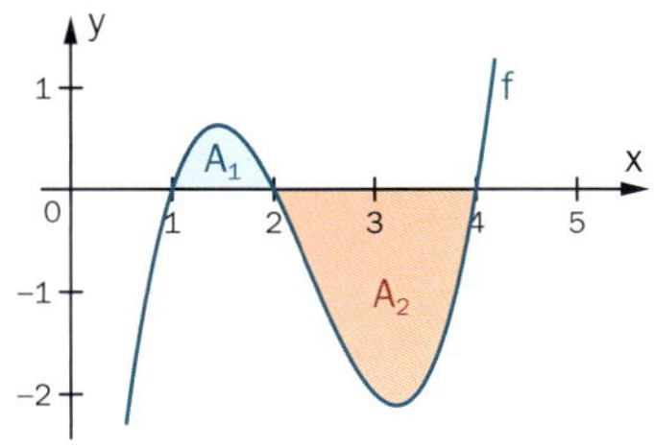

$\int_1^4 f(x)\,dx =$ ____________________

29
AN-R 4.3

Die Abbildung zeigt den Graphen der reellen Funktion f und zwei markierte Flächenstücke. Das Flächenstück I mit dem Flächeninhalt A_1 wird vom Graphen von f, der x-Achse und der Geraden g mit der Gleichung $x = a$ eingeschlossen. Das Flächenstück II mit dem Flächeninhalt A_2 wird vom Graphen von f, der x-Achse und der Geraden h mit der Gleichung $x = b$ eingeschlossen.

Gib das bestimmte Integral $\int_a^b f(x)\,dx$ mithilfe der Flächenstücke A_1 und A_2 an.

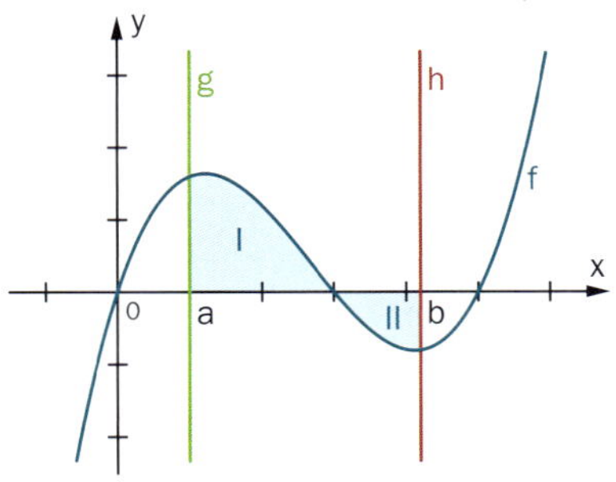

$\int_a^b f(x)\,dx =$ ____________________

30
AN-R 4.3

Das bestimmte Integral $\int_2^4 f(x)\,dx$ hat den Wert $\frac{2}{3}$.

Interpretiere den Wert des bestimmten Integrals mithilfe der Abbildung.

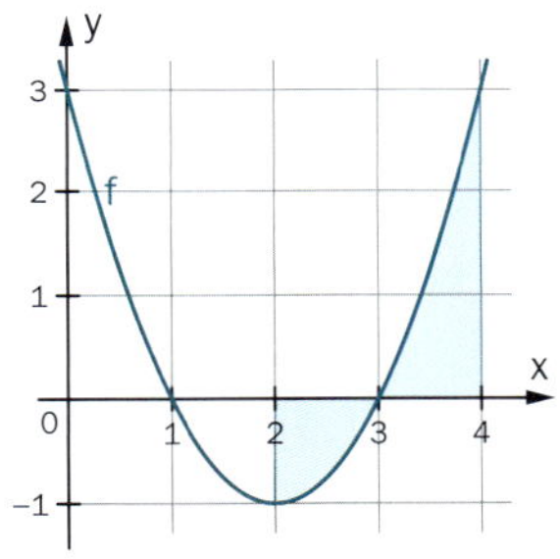

1.3 Flächeninhalte im Kontext

Ziel Bestimmte Integrale bei Bewegungsaufgaben deuten **AN-R 4.1, 4.3**

31
AN-R 4.3

Die nebenstehende Abbildung zeigt den Graphen der Geschwindigkeitsfunktion eines Autos in einem definierten Streckenabschnitt.
Interpretiere die Gleichung $\int_0^{60} v(t)\,dt \approx 920$ unter Angabe der richtigen Einheiten im gegebenen Kontext!

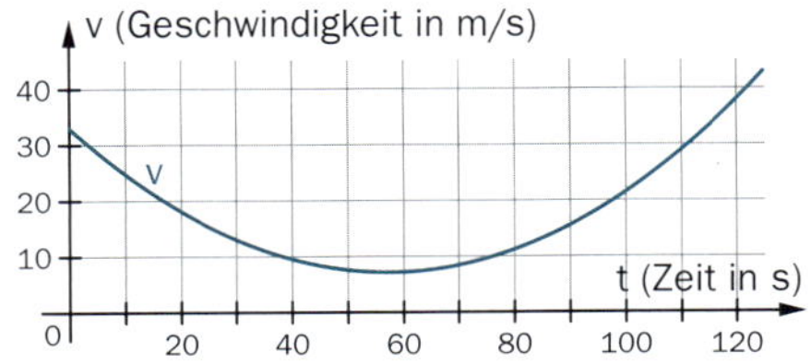

32 AN-R 4.3

Die Funktion v beschreibt die Geschwindigkeit v eines Autos im Zeitintervall [0; 10] ($v(t)$ in m/s, t in s).

Berechne, welchen Weg das Auto in den ersten 10 Sekunden zurücklegt.

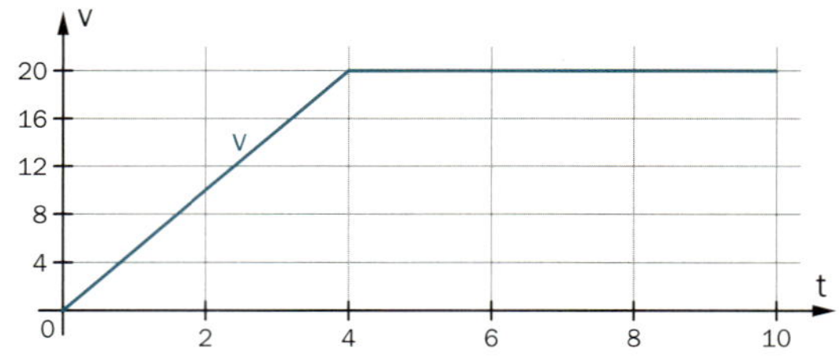

33 AN-R 4.3

An der Ortsausfahrt beschleunigt ein Auto 4 Sekunden lang gleichmäßig und fährt anschließend mit konstanter Geschwindigkeit weiter. Der Bewegungsablauf des Autos wird modellhaft durch das Diagramm beschrieben.

Kennzeichne im Diagramm den Weg, den das Fahrzeug während der Beschleunigungsphase zurücklegt und gib den Wert an!

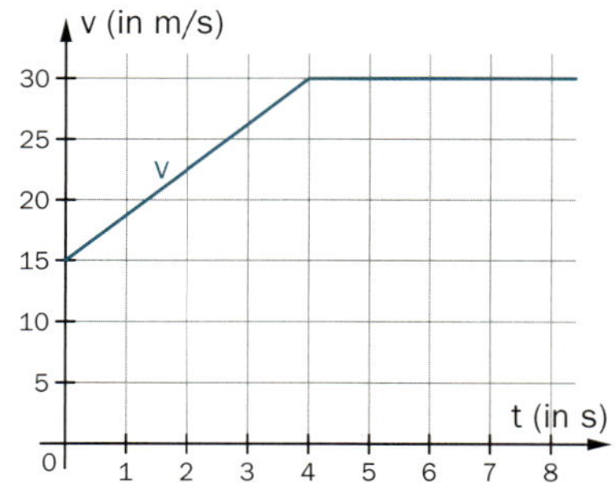

34 AN-R 4.1

Das GPS eines Frachtschiffes misst laufend die Geschwindigkeit, die im Beobachtungszeitraum stets zunimmt. Die nachstehende Tabelle liefert Daten über einen Zeitraum von 30 Minuten:

t (in min)	0	5	10	15	20	25	30
v (in km/min)	0,3	0,35	0,35	0,45	0,5	0,65	0,7

Berechne mithilfe der Daten eine möglichst genaue untere und obere Schranke für die Wegstrecke s, die das Frachtschiff in dieser Zeit zurückgelegt hat.

35 AN-R 4.3

Ein Pkw beginnt zum Zeitpunkt $t = 0$ zu bremsen. Die Geschwindigkeit $v(t)$ (in m/s) des Autos nach t Sekunden kann durch die Funktion v beschrieben werden. Es gilt: $v(t) = 16 - 4t$

Berechne die Länge des Bremsweges, d.h. jenen Weg, den der Pkw während des Bremsvorgangs bis zum Stillstand des Autos zurücklegt!

36 AN-R 4.3

Die Bewegung eines Modellautos wird durch die dargestellte Geschwindigkeits-Zeit-Funktion beschrieben.
Berechne den Wert des bestimmten Integrals und interpretiere diesen im Kontext: $\int_0^{20} v(t)\,dt$

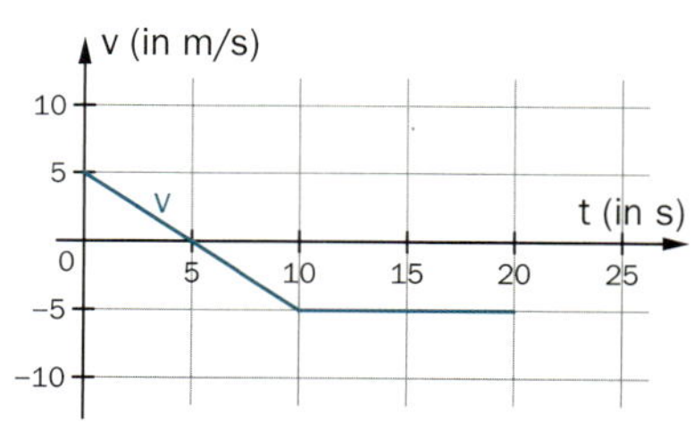

37 AN-R 4.3

Durch die grafisch gegebene Funktion v wird die Geschwindigkeit eines bewegten Objektes in Abhängigkeit von der Zeit t beschrieben.

Interpretiere den Wert des Integrals $\int_0^{9} v(t)\,dt$ im Kontext.

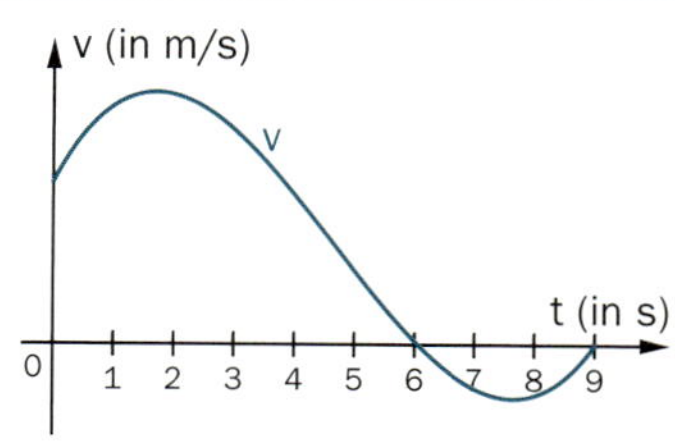

38
AN-R 4.3

Die Bewegung eines Autos wird durch seine Geschwindigkeits-Zeit-Funktion $v = v(t)$ beschrieben. Die Funktion $s = s(t)$ beschreibt die Entfernung des Autos vom Ausgangsort genau t Sekunden nach Beginn der Bewegung.

Kreuze die beiden zutreffenden Aussagen an!

Das Auto fährt sowohl vorwärts als auch rückwärts.	☐
$s(35) < 0$	☐
Die Entfernung vom Ausgangsort nimmt immer weiter zu.	☐
s ist in (30; 40) streng monoton fallend.	☐
$\int_0^{20} v(t)\,dt = \int_0^{40} v(t)\,dt$	☐

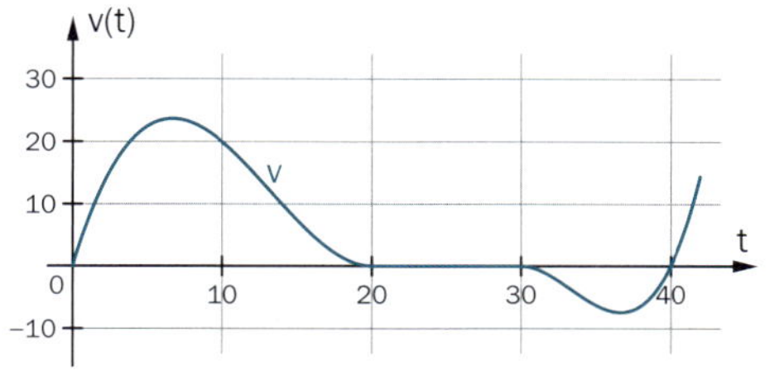

39
AN-R 4.3

Das Diagramm zeigt den Geschwindigkeitsverlauf einer zehnstündigen Wanderung. Die Geschwindigkeit ist für $t = 2$ und für $t = 5$ null.

Folgende Näherungswerte der Integrale sind bekannt:

$\int_0^2 v(t)\,dt \approx 4{,}1$

$\int_2^5 v(t)\,dt \approx -1{,}6$

$\int_5^{10} v(t)\,dt \approx 11{,}4$

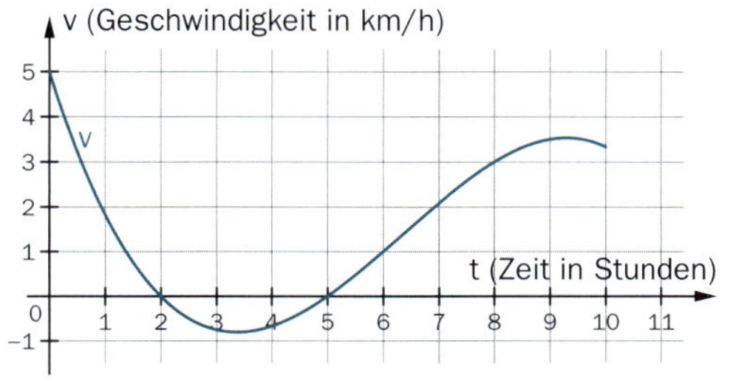

Kreuze die beiden zutreffenden Aussagen an!

Nach 2 Stunden haben die Wanderer eine Strecke von ca. 4,1 km zurückgelegt.	☐
Die Wanderer legen in der zweiten Hälfte der Wanderung weniger Weg zurück als in der ersten Hälfte.	☐
Nach 5 Stunden sind die Wanderer wieder am Ausgangsort angekommen.	☐
Die Wanderer haben insgesamt ca. 13,9 km zurückgelegt.	☐
Nach 5 Sunden sind die Wanderer ca. 2,5 km vom Ausgangsort entfernt.	☐

40
AN-R 4.3

Das Diagramm zeigt den Geschwindigkeitsverlauf eines ausführlichen Spazierganges. Die Größe der Flächen A_1 und A_2 sind im Diagramm angegeben.

Berechne und interpretiere das bestimmte Integral $\int_0^3 v(t)\,dt$.

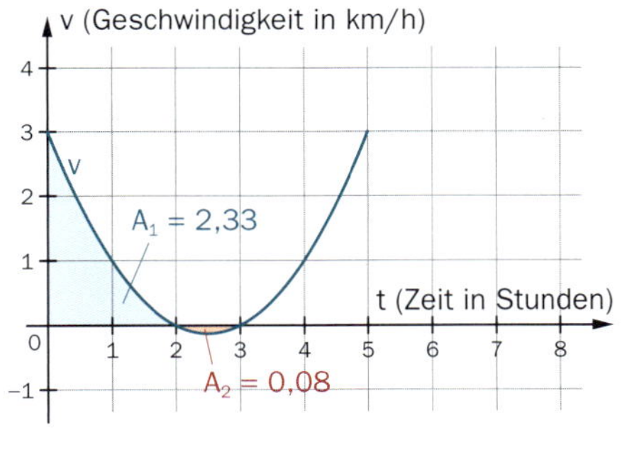

41
AN-R 4.3

Die Geschwindigkeit eines Körpers in Abhängigkeit von der Zeit t wird durch die Funktion v beschrieben.

Skizziere einen möglichen Graphen von v, der folgende Eigenschaften erfüllt:

- $v\colon\ [0; 5] \rightarrow \mathbb{R}$
- $\int_0^1 v(t)\,dt < 0$ und $\int_1^5 v(t)\,dt > 0$
- $\int_1^3 v(t)\,dt < \int_3^5 v(t)\,dt$

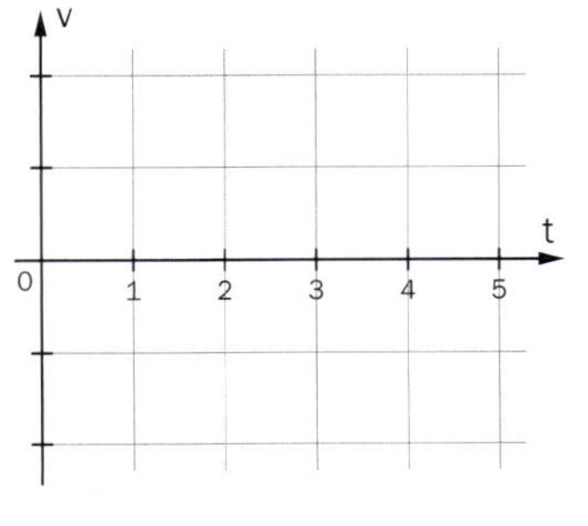

Ziel Bestimmte Integrale in verschiedenen physikalischen Kontexten deuten **AN-R 4.1, 4.3**

42 AN-R 4.3 Die Kraft F, die zur Dehnung einer Feder um x Meter aufgewendet werden muss, ist durch $F(x)$ angegeben (Dehnung x in Meter, Kraft in Newton).
Interpretiere das bestimmte Integral $\int_{0,2}^{0,4} F(x)\,dx$ im gegebenen Kontext!

43 AN-R 4.3 Die Anziehungskraft F, mit der ein Satellit mit der Masse m von der Erde angezogen wird, ist durch das Gravitationsgesetz gegeben: $F(x) = \frac{G \cdot m \cdot M}{x^2}$, wobei x der Abstand zum Erdmittelpunkt in Metern, M die Erdmasse in kg und G die Gravitationskonstante ist. Der Erdradius beträgt 6378 km.

Ein Satellit mit einer Masse von 12000 kg wird in eine Umlaufbahn geschossen, die sich 30000 km über der Erdoberfläche befindet.

Schreibe die dazu notwendige Hebearbeit mithilfe eines Integrals an.

44 AN-R 4.3 Eine 2,4 t schwere Fertigstiege aus Beton muss von einem 1 m hohen Lkw mithilfe eines Krans an ihren Bestimmungsort gehoben werden.
Die dazu notwendige Kraft F (in N) ist abhängig von der Hebehöhe h (in m).
Bei Bauarbeiten muss die Fertigstiege vom Lkw noch weitere 7 m angehoben werden.

Gib einen Term für die dazu notwendige Arbeit W an.

$W =$ ____________________

45 AN-R 4.1 Durch ein Leck in einem Staudamm strömt Wasser aus. Mit sinkendem Wasserstand im Staudamm nimmt auch die Ausflussrate, das ist die pro Zeiteinheit ausströmende Wassermenge, ab.

Zeit in Stunden nach dem Entdecken des Lecks	0	0,5	1	1,5	2,5	3	4	5
Ausflussrate in m^3/h	40	38	33	29	24	21	17	13

Schätze mit einer Linkssumme ab, wie viel m^3 Wasser in den ersten 4 Stunden maximal ausgeflossen sind.

46 AN-R 4.3 Die unten stehende Abbildung beschreibt näherungsweise das Wachstum einer Sojapflanze. Sie zeigt die Wachstumsgeschwindigkeit v in Abhängigkeit von der Zeit t während eines Zeitraums von 18 Wochen.

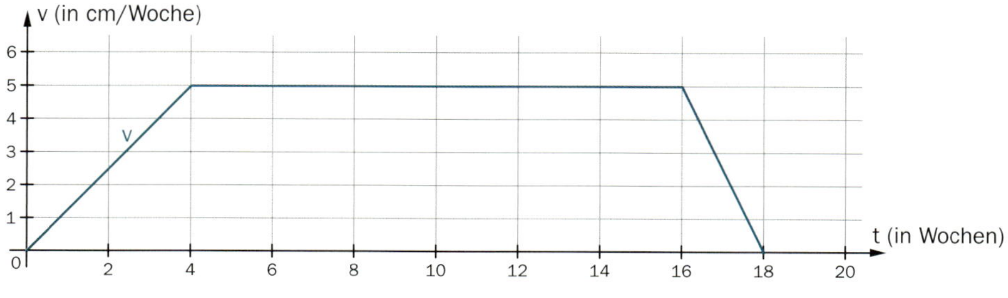

Gib an, um wie viel cm die Pflanze in diesem Zeitraum insgesamt gewachsen ist!

47 AN-R 4.3

Während einer Grippewelle nimmt die Zahl der Neuerkrankungen pro Tag zuerst zu, erreicht einen Höhepunkt und nimmt dann wieder ab. In einer Kleinstadt wurde die Anzahl der neu erkrankten Personen pro Tag ab dem Beginn einer Grippeepidemie statistisch erhoben und modellmäßig durch die Funktion *f* erfasst. Der nebenstehende Graph von *f* zeigt, wie sich die Anzahl der Neuerkrankten pro Tag im Verlauf von 10 Tagen ändert.

Interpretiere das bestimmte Integral $\int_2^8 f(t)\,dt = 504$ im Kontext.

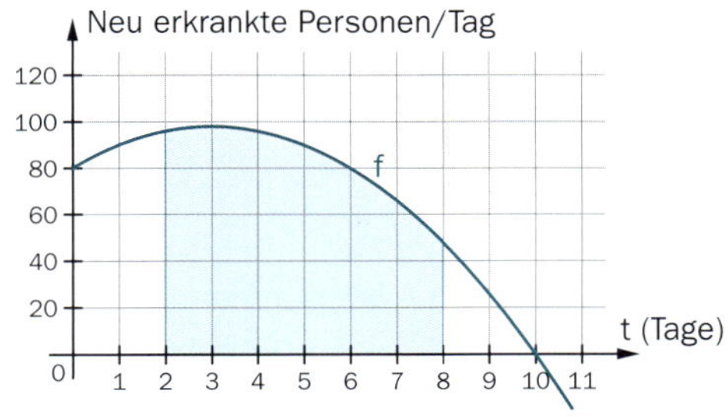

48 AN-R 4.3

Die Abbildung zeigt den CO_2-Ausstoß eines Pkws in g/km in Abhängigkeit von der Zahl der gefahrenen Kilometer. Der CO_2-Ausstoß steigt während der ersten 20 km linear gemäß $g(x) = 4x$, bleibt danach 160 km konstant und sinkt auf den letzten 20 km gemäß der Funktion *f*.

Weiters gilt: $\int_{180}^{200} f(x)\,dx = 533{,}\dot{3}$.

Berechne und interpretiere im gegebenen Kontext:

$\int_0^{20} g(x)\,dx + \int_{20}^{180} h(x)\,dx + \int_{180}^{200} f(x)\,dx$

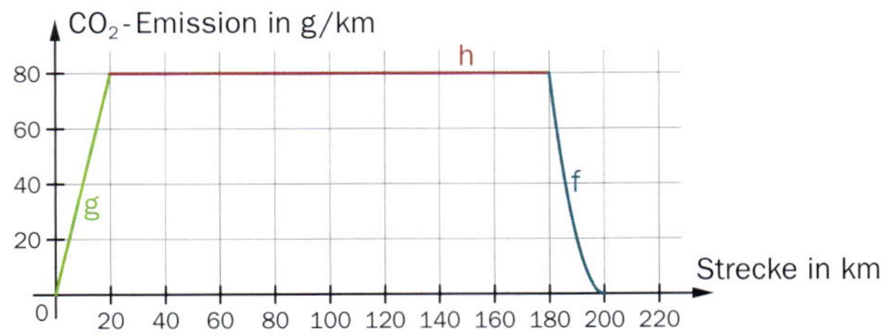

49 AN-R 4.3

Für eine Zapfsäule kann zu jedem Zeitpunkt angegeben werden, mit welcher Geschwindigkeit *v* der Treibstoff durch den Schlauch in den Fahrzeugtank gelangt.
Die Abbildung zeigt den Graphen der Strömungsgeschwindigkeit *v*.

Interpretiere den Term $\int_0^{60} v(t)\,dt$ im gegebenen Kontext!

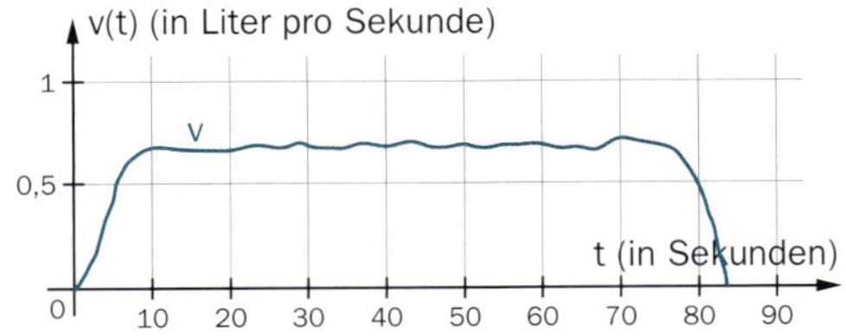

1.4 Das unbestimmte Integral

Ziel Unbestimmte Integrale definieren und darstellen **AN-R 3.1, 3.2**

50 AN-R 3.1

Überprüfe rechnerisch, ob *F* und *G* unbestimmte Integrale von *f* sind.

$F(x) = x - 2 \cdot \sin(2x)$, $G(x) = -\frac{\sin(2x)}{2} + x + 1$, $f(x) = 1 - \cos(2x)$

51 AN-R 3.1

Begründe ohne zu rechnen, warum beide Funktionen F_1 und F_2 unbestimmte Integrale derselben Funktion sind.

$F_1 = 3x^2 - \frac{1}{x} + 7$ $\qquad$ $F_2 = 3x^2 - \frac{1}{x} - 7$

52 AN-R 3.1

Gegeben ist ein unbestimmtes Integral F mit $F(x) = x^2 + 3x - 1$ einer Funktion f.
Ermitte die Termdarstellung von f.

$f(x) =$ ____________________

53 AN-R 3.1

Gegeben ist der Graph der Funktion f. Gib an, ob folgende Aussage für $x > 0$ korrekt ist und begründe deine Entscheidung.

$\int_0^x f(u)\,du < \int_{-1}^x f(u)\,du$

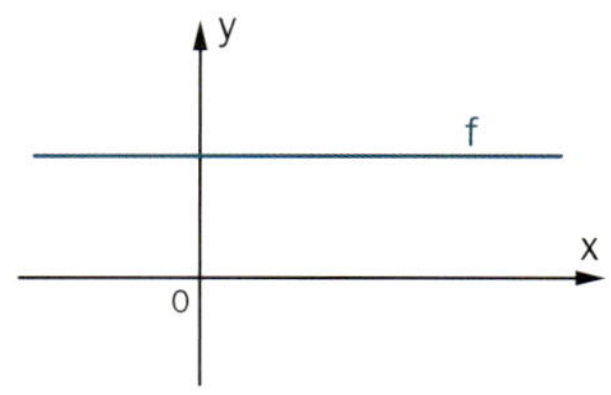

54 AN-R 3.1

Gegeben ist der Graph der Funktion f. Das unbestimmte Integral F mit $F(x) = \int_2^x f(u)\,du$ wird betrachtet.

Gib die Anzahl der Nullstellen der Funktion F an und begründe deine Entscheidung ohne Rechnung.

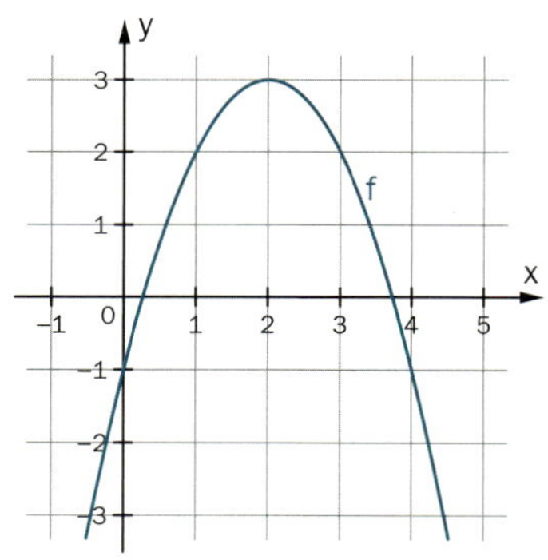

1.5 Stammfunktion

Ziel Stammfunktionen von Polynomfunktionen rechnerisch ermitteln **AN-R 3.1, 4.2**

55 AN-R 3.1

Zeige, dass die beiden Funktionen F und G Stammfunktionen derselben Funktion sind.
$F(x) = -3(2x - 1)^2$, $G(x) = -12x^2 + 12x + 6$

56 AN-R 3.1

Die Funktion F ist eine Stammfunktion der Funktion f. Für die Funktion G gilt: $G(x) = F(x) + x$
Begründe, warum G keine Stammfunktion von f ist.

57 AN-R 3.1

Gegeben ist die Funktion g sowie eine zugehörige Stammfunktion G.
Kreuze die beiden zutreffenden Aussagen an.

$G'(x) = g(x)$	☐
$g'(x) = G(x)$	☐
$g(x) = \int G(x)\,dx$	☐
$g''(x) = G'(x)$	☐
$G(x) = \int g(x)\,dx$	☐

58 AN-R 3.1

Zwischen den Polynomfunktionen f, g und h besteht der folgende Zusammenhang: $f' = h$, $g' = h$
Kreuze die beiden zutreffenden Aussagen an!

f ist eine Stammfunktion von h.	☐
g' ist eine Stammfunktion von h.	☐
h hat genau zwei Stammfunktionen.	☐
$f = g$	☐
h erhält man, indem man g differenziert.	☐

59 AN-R 3.1

Eine integrierbare Funktion f hat die Stammfunktionen F und G. Kreuze die beiden zutreffenden Aussagen an!

$f'(x) = F(x)$	☐
$G'(x) = f(x)$	☐
$F(x) = c \cdot G(x)$ mit $c \in \mathbb{R}^*$	☐
$G(x) - F(x) = c$ mit $c \in \mathbb{R}^*$	☐
$F' = G' + c$ mit $c \in \mathbb{R}^*$	☐

60 AN-R 3.1

In der Abbildung sind eine Funktion f und eine Stammfunktion F grafisch gegeben.

Skizziere in dieser Abbildung den Graphen einer weiteren Stammfunktion F_1 der Funktion f!

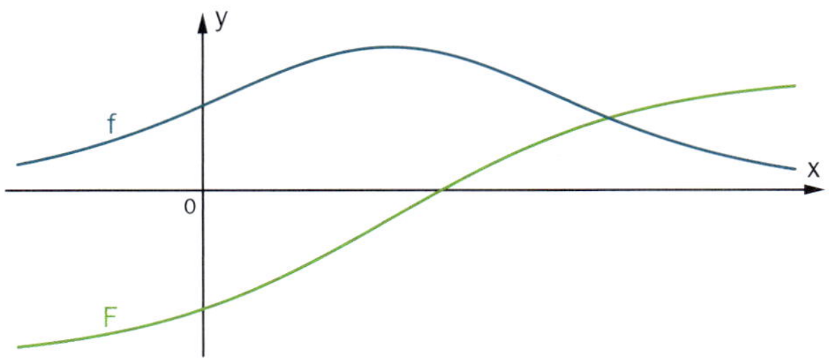

61 AN-R 4.2

Kreuze die beiden Stammfunktionen von f mit $f(x) = 0{,}5x - 4$ an!

$x^2 - 4x$	☐
$0{,}5x^2 + 4x$	☐
$\frac{1}{4}x^2 - 4x$	☐
$0{,}5x^2$	☐
$\frac{1}{4}(x^2 - 16x + 4)$	☐

62 AN-R 4.2

Kreuze die beiden Stammfunktionen von f mit $f(x) = 6x^2 - 3$ an!

$12x^3 - 6x$	☐
$2x^3 - 3x - 3$	☐
$12x$	☐
$\frac{6x^3 - 9x + 18}{3}$	☐
$6x^3 - 3x^2$	☐

63 AN-R 3.1

Gib zwei verschiedene Stammfunktionen der Funktion f mit $f(x) = \frac{4x^3}{3} - 4x^2$ an!

$F_1(x) =$ ____________________ $F_2(x) =$ ____________________

64 AN-R 3.1

Für die beiden Polynomfunktionen f und g gilt: $f(x) = g(x) \cdot x + 2$

Entscheide, ob f und g Stammfunktionen derselben Funktion sind und begründe deine Entscheidung.

65 AN-R 4.2

Berechne: $\int (a u^2 + a^2)\,da$

66 AN-R 4.2

Berechne: $\int (a u^2 + a^2)\,du$

67 AN-R 4.2

Begründe, warum die gegebene Berechnung falsch ist: $\int (3x^2 + 2a)\,da = x^3 + 2ax + c \quad (c \in \mathbb{R})$

68
AN-R 4.2

Gegeben sind die Gleichungen zweier Funktion f und F:
$f(x) = a \cdot x^3$
$F(x) = \frac{x^4}{3} + 2$
Bestimme a so, dass die Funktion F eine Stammfunktion von f ist!

a = ______________

Ziel Stammfunktionen rechnerisch ermitteln **AN-R 3.1, 4.2**

69
AN-R 4.2

Ordne den vier Funktionen jeweils eine entsprechende Stammfunktion (aus A bis F) zu!

$f(x) = 2x + 3$	
$f(x) = 2 \cdot \left(\frac{1}{x^2} + x\right)$	
$f(x) = 3x^2 + 2x$	
$f(x) = \frac{4}{x^3}$	

A	$F(x) = \frac{-2}{x^2}$
B	$F(x) = 2 \cdot \left(\frac{1}{x} + x^2\right)$
C	$F(x) = \frac{-2}{x} + x^2$
D	$F(x) = x^3 + x^2$
E	$F(x) = x^2 + 3x + 6$
F	$F(x) = 6x^3 + 4x^2$

70
AN-R 4.2

Die reelle Funktion f besitzt eine Stammfunktion F.
Kreuze die beiden zutreffenden Aussagen an!

$f(x) = \sqrt{x},\ F(x) = \frac{1}{2}\sqrt{x}$	☐
$f(x) = \frac{5}{3x},\ F(x) = 5 \cdot \ln(3x)$	☐
$f(x) = \frac{5}{2x},\ F(x) = 2{,}5 \cdot \ln(x)$	☐
$f(x) = \frac{\sqrt{2x^3}}{2},\ F(x) = \frac{\sqrt{2x^5}}{5}$	☐
$f(x) = \frac{3x^{-4}}{5},\ F(x) = \frac{1}{5x^3}$	☐

71
AN-R 4.2

Kennzeichne den Fehler in der gegebenen Berechnung und stelle diesen richtig ($c \in \mathbb{R}$)!
$\int \frac{1}{x^2}\,dx = \int x^{-2}\,dx = \frac{x^{-3}}{-3} + c = -\frac{1}{3x^3} + c$

72
AN-R 4.2

Kreuze die beiden Stammfunktionen von f mit $f(x) = 2x - \frac{1}{2x^2}$ an!

$F(x) = x^2 - \ln(2x^2)$	☐
$F(x) = x^2 - \frac{1}{2x} - 2$	☐
$F(x) = 4 + x^2 + 0{,}5x^{-1}$	☐
$F(x) = 2x^2 + 0{,}5\ln(x) + 1$	☐
$F(x) = 2 + x^2 - 2x^{-1}$	☐

73
AN-R 4.2

Bestimme rechnerisch das unbestimmte Integral von f mit $f(x) = 2 \cdot [\sin(x) - 3 \cdot e^{2x}]$.

74
AN-R 4.2

Gegeben ist die Funktion f mit $f(x) = a \cdot e^{3x}$ mit $a \in \mathbb{R}$.
Bestimme a so, dass die Funktion F mit $F(x) = -4 \cdot e^{3x} + 4$ eine Stammfunktion von f ist.

75 AN-R 4.2

Die reelle Funktion f besitzt eine Stammfunktion F.
Kreuze die beiden zutreffenden Aussagen an!

$f(x) = 3\sin(x),\ F(x) = 3\cos(x)$	☐
$f(x) = x^2 + 3^x,\ F(x) = \frac{x^3}{3} + \frac{3^x}{\ln 3}$	☐
$f(x) = 3(\sin(x) + \cos(x)),\ F(x) = 3(\sin(x) - \cos(x))$	☐
$f(x) = -3\cos(x) + e^{-x},\ F(x) = -3\sin(x) + e^{-x}$	☐
$f(x) = 2^x + 6,\ F(x) = \frac{10^x}{\ln 10}$	☐

76 AN-R 4.2

Kreuze die zutreffende(n) Aussage(n) an ($c \in \mathbb{R}$)!

$\int (4x + 1)^2\,dx = \frac{(4x+1)^3}{3} + c$	☐
$\int \frac{2}{x^3}\,dx = -\frac{1}{x^2} + c$	☐
$\int \sqrt{x}\,dx = \frac{2x^{\frac{3}{2}}}{3} + c$	☐
$\int e^{4x}\,dx = \frac{e^{4x}}{4} + c$	☐
$\int e^{\frac{x}{2}}\,dx = \frac{1}{2} \cdot e^{\frac{x}{2}} + c$	☐

77 AN-R 4.2

Gegeben ist die Funktion f mit $f(x) = \sin\left(\frac{x}{2}\right)$. Es gibt eine Stammfunktion F von f, die durch den Punkt $P = (0\,|\,-1)$ verläuft.
Kreuze die Funktionsgleichung von F an!

$F(x) = -\cos\left(\frac{x}{2}\right)$	☐
$F(x) = -2 \cdot \cos\left(\frac{x}{2}\right)$	☐
$F(x) = -2 \cdot \cos\left(\frac{x}{2}\right) - 1$	☐
$F(x) = -2 \cdot \cos\left(\frac{x}{2}\right) + 1$	☐
$F(x) = 2 \cdot \cos\left(\frac{x}{2}\right) - 1$	☐
$F(x) = \sin\left(\frac{x}{2}\right) - 1$	☐

78 AN-R 4.2

Gib die Termdarstellung jener Stammfunktion F von f mit $f(x) = \frac{1}{x} + \sqrt{x}$ an, für die gilt: $F(1) = 4$

$F(x) =$ ____________________

79 AN-R 4.2

Entscheide, ob zur Berechnung des unbestimmten Integrals $\int (\sqrt{ax})\,dx$ (mit $a \in \mathbb{R}^+$) die Regel $\int f(k \cdot x)\,dx = \frac{1}{k} \cdot F(k \cdot x)$ (mit $k \in \mathbb{R}^*$) angewendet werden muss oder nicht. Begründe deine Entscheidung!

80 AN-R 4.2

Berechne: $\int (6ab^2 + 2a^2b - 2b \cdot e^{3a})\,db$

81 AN-R 4.2

Berechne: $\int (\sin(a) + 3\cos(a) \cdot \sin(b))\,da$

82 AN-R 4.2

Berechne: $\int e^b \cdot \left(\frac{a^2 - 1}{x}\right)\,da$

Ziel Stammfunktionen grafisch ermitteln AN-R 3.2

83 AN-R 3.2

Die Abbildung zeigt den Graphen einer reellen Funktionen und den Graphen einer zugehörigen Stammfunktion.

Kreuze die beiden zutreffenden Aussagen an!

$f'(x) = g(x)$	☐
$g'(x) = f(x)$	☐
$f(x) = \int g(x)\,dx$	☐
$g''(x) = f'(x)$	☐
$g(x) = \int f'(x)\,dx$	☐

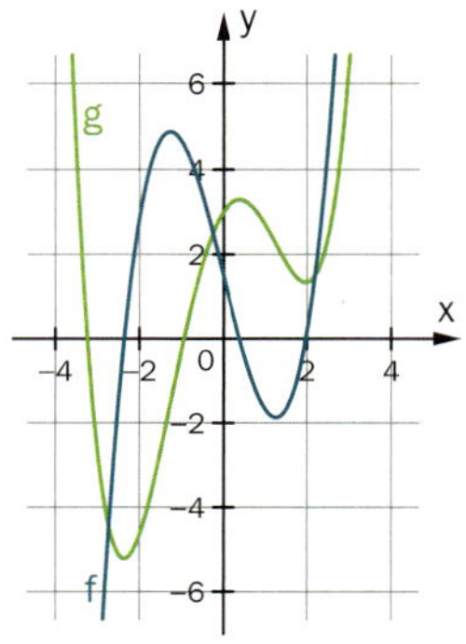

84 AN-R 3.2

Die Abbildung zeigt den Graphen einer reellen Funktion und den Graphen einer zugehörigen Stammfunktion.

Nenne drei Gründe, die belegen, dass die Funktion g eine Stammfunktion der Funktion f ist.

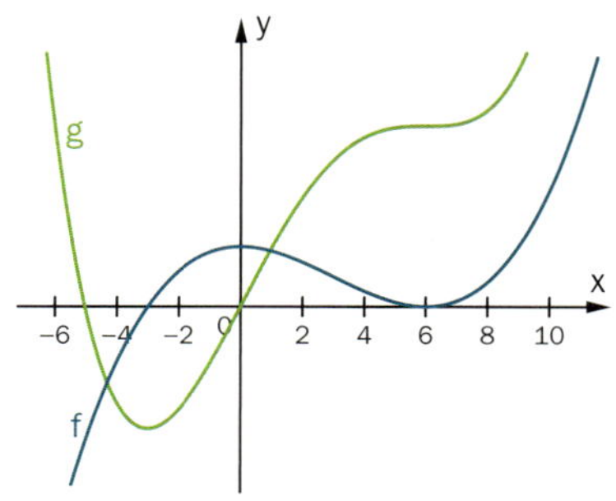

85 AN-R 3.2

Gegeben sind die Graphen der Funktionen f und g.

Nenne drei Gründe, die belegen, dass die Funktion f eine Stammfunktion der Funktion g ist.

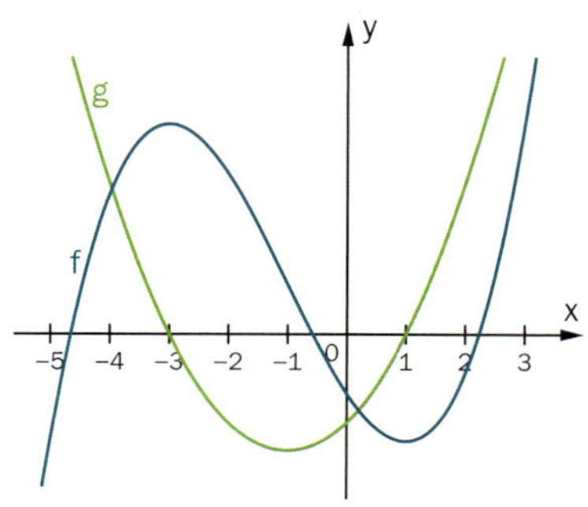

86 AN-R 3.2

Die Abbildung zeigt den Graphen einer reellen Funktion und den Graphen einer zugehörigen Stammfunktion.

Entscheide, ob g Stammfunktion von f ist oder f Stammfunktion von g ist, und zeichne im gegebenen Koordinatensystem eine weitere Stammfunktion ein.

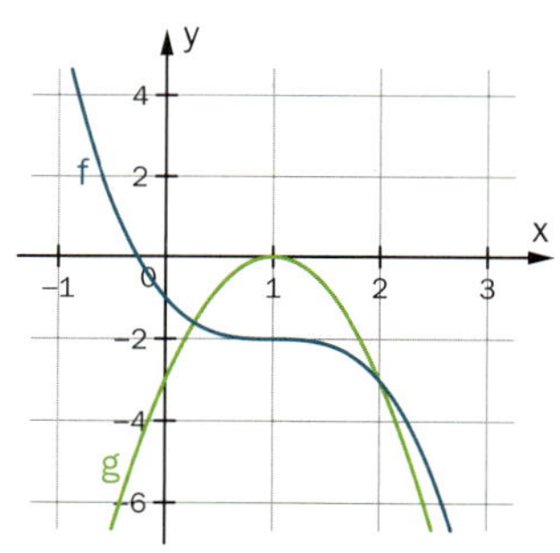

87 AN-R 3.2

Gegeben ist der Graph der Funktion f.

Skizziere den Graphen einer möglichen Stammfunktion F von f.

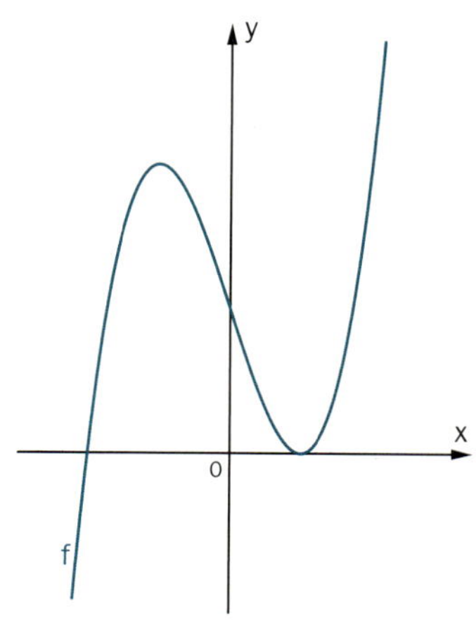

88
AN-R 3.2

Gegeben sind die Graphen der Funktionen f und g.
Begründe, warum die Funktion g keine Stammfunktion von f sein kann.

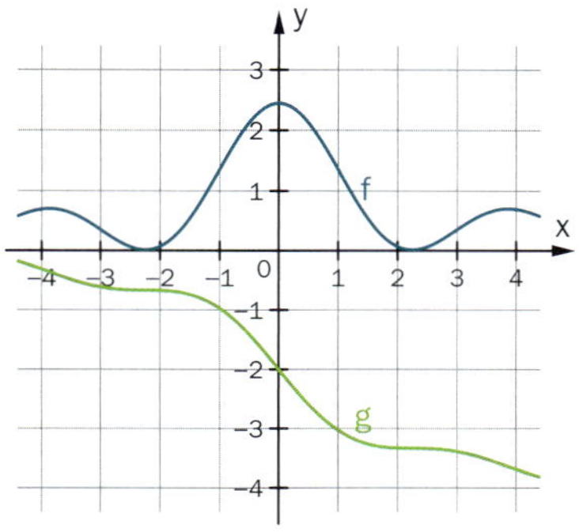

89
AN-R 3.2

Gegeben ist der Graph der Funktion f.
Kreuze die beiden auf die Stammfunktion F von f zutreffenden Aussagen an!

F hat an der Stelle $x = 0$ eine Nullstelle.	☐
F ist im gesamten Definitionsbereich positiv gekrümmt.	☐
F hat zwei lokale Extremstellen.	☐
F hat eine Wendestelle mit fallender Wendetangente.	☐
F ist im Intervall $[-4; 2]$ streng monoton steigend.	☐

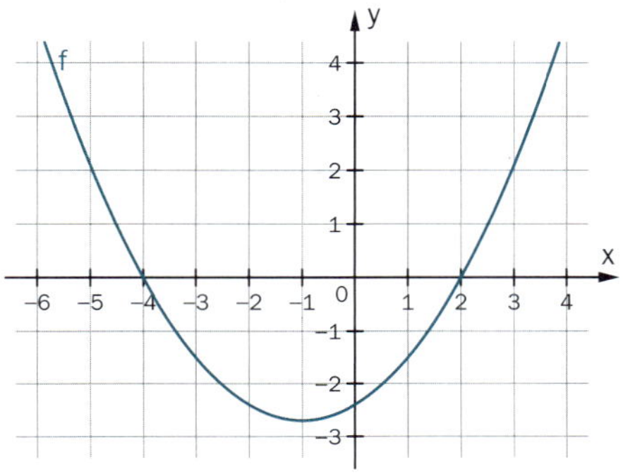

90
AN-R 3.2

Im gegebenen Koordinatensystem ist der Graph der Ableitungsfunktion f' einer linearen Funktion f abgebildet.
Der Graph der Funktion f verläuft durch den Punkt P.
Zeichne den Graphen von f in das Koordinatensystem!

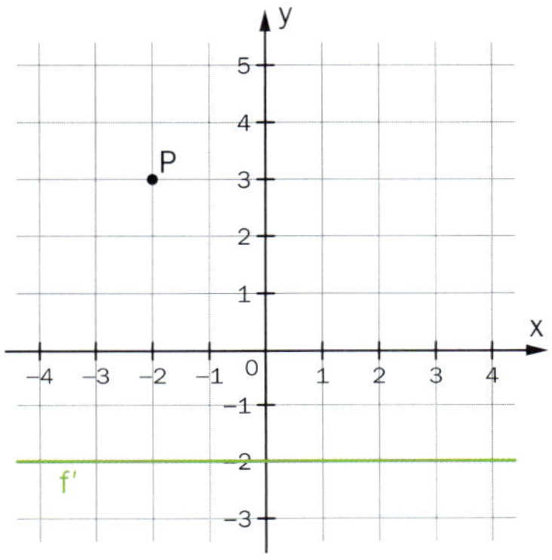

91
AN-R 3.2

Gegeben ist der Graph einer linearen Funktion f .
Zeichne den Graphen einer möglichen Stammfunktion von f in das gegebene Koordinatensystem ein!

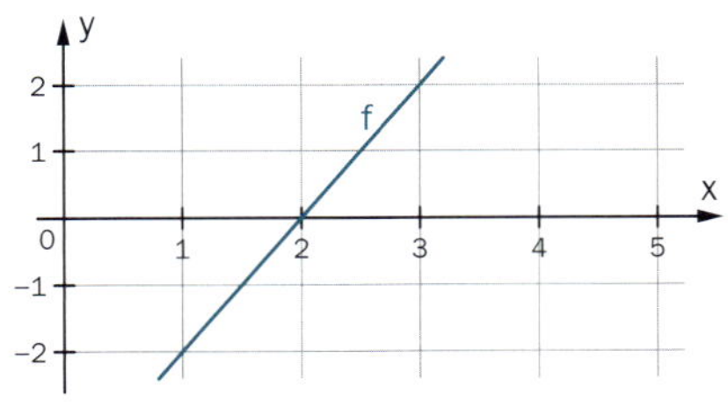

1.6 Auswerten bestimmter Integrale durch Stammfunktionen

Ziel Bestimmte Integrale mithilfe von Stammfunktionen berechnen **AN-R 4.2**

92
AN-R 4.2

Berechne den Wert des bestimmten Integrals!

$\int_{-1}^{2} (x^3 - 4x + 4)\,dx =$

93
AN-R 4.2

Berechne den Wert des bestimmten Integrals!

$\int_{0}^{2} e^{0,5x}\,dx =$

94 AN-R 4.2

Die Stammfunktion F einer Funktion f ist bekannt: $F(x) = -\frac{4}{x}$
Berechne das bestimmte Integral $\int_1^5 f(x)\,dx$.

$\int_1^5 f(x)\,dx =$ ______________

95 AN-R 4.2

Die Stammfunktion F der Funktion f ist bekannt: $F(x) = \frac{e^{x^2-1}}{2}$
Berechne den Wert des bestimmten Integrals $\int_{-1}^2 f(x)\,dx$.

96 AN-R 4.2

In der Abbildung ist die Funktion f und eine Stammfunktion F von f dargestellt.
Ermittle mithilfe der Abbildung das bestimmte Integral: $\int_2^4 f(x)\,dx$

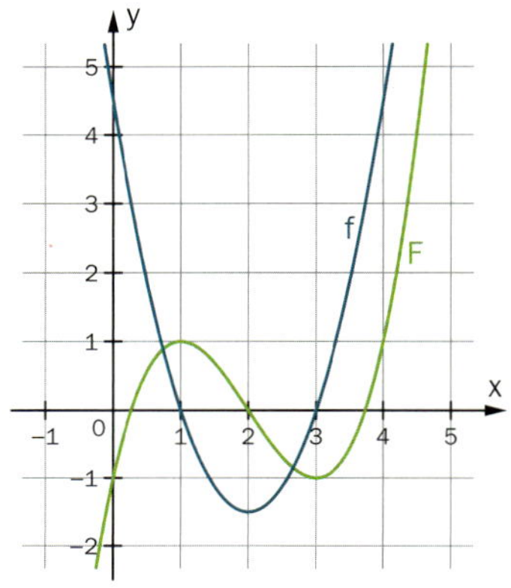

97 AN-R 4.2

Gegeben ist der Graph der Funktion f sowie der einer Stammfunktion F.
Berechne die Größe der markierten Fläche A!

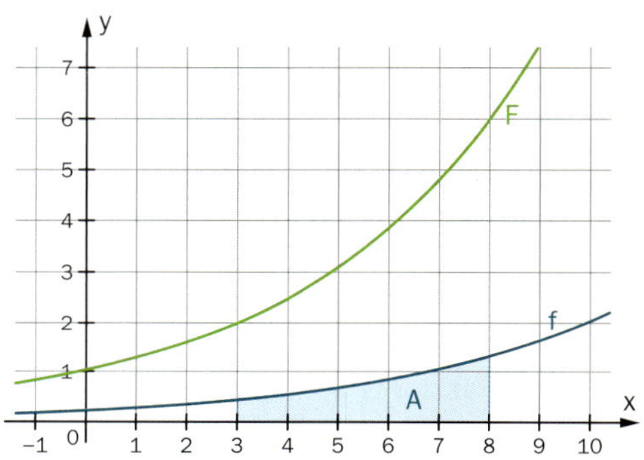

$A =$ ______________ E^2

98 AN-R 4.2

Gegeben ist das bestimmte Integral $I = \int_0^b (6x^3 + 2x)\,dx$ mit $b \in \mathbb{R}^+$.
Kreuze die beiden Ausdrücke an, die für alle $b > 0$ denselben Wert wie I haben.

$\int_0^b 6x^3\,dx + 2x$	☐
$\int_0^b 6x^3\,dx \cdot \int_0^b 2x\,dx$	☐
$6 \cdot \int_0^b x^3\,dx + 2\int_0^b x\,dx$	☐
$12b^4$	☐
$1{,}5b^4 + b^2$	☐

99 AN-R 4.2

Von einer Funktion f ist die Termdarstellung bekannt: $f(x) = x$
Gib eine Bedingung für die Integrationsgrenzen a und b (mit $a \neq b$) an, sodass $\int_a^b f(x)\,dx = 0$ gilt!

100 AN-R 4.2

Ein Ausschnitt einer Wertetabelle der Funktion f sowie ihrer Stammfunktion F ist gegeben.
Berechne den Wert des bestimmten Integrals $\int_{-1}^{4} f(x)\,dx$.

x	$f(x)$	$F(x)$
−1	24	−16
0	9	0
1	0	4
2	−3	2
3	0	0
4	9	4
5	24	20
6	45	54

101 AN-R 4.2

Die Termdarstellung der Funktion $f: \mathbb{R} \to \mathbb{R}$ ist gegeben: $f(x) = a \cdot x + 1$
Bestimme den Wert von a, sodass gilt: $\int_{-2}^{5} f(x)\,dx = 24{,}5$

$a =$ ____________________

1.7 Hauptsatz der Differential- und Integralrechnung

Ziel Hauptsatz der Differential- und Integralrechnung kennen **AN-R 3.1, 3.2, 4.1, 4.2**

102 AN-R 4.2

Kreuze die beiden zutreffenden Aussagen an!

$\int_{-1}^{5} x \cdot e^x\,dx = \int_{-1}^{5} x\,dx + \int_{-1}^{5} e^x\,dx$	☐
$\int_{-1}^{5} x \cdot e^x\,dx = x \cdot \int_{-1}^{5} e^x\,dx$	☐
$\int_{-1}^{5} x \cdot e^x\,dx = \int_{-1}^{5} x\,dx \cdot \int_{-1}^{5} e^x\,dx$	☐
$\int_{-1}^{5} 5 \cdot x \cdot e^x\,dx = 5 \cdot \int_{-1}^{5} x \cdot e^x\,dx$	☐
$\int_{-1}^{5} x \cdot e^x\,dx = \int_{-1}^{3} x \cdot e^x\,dx + \int_{3}^{5} x \cdot e^x\,dx$	☐

103 AN-R 3.1

Gegeben sind eine reelle Funktion f und eine Stammfunktion F von f.
Kreuze die beiden zutreffenden Aussagen an!

$\int_{a}^{b} f(x)\,dx = F(x)$	☐
$\int_{a}^{b} f(x)\,dx = \int_{a}^{b} f(u)\,du$	☐
$\int_{a}^{b} f(x)\,dx$ ist eine reelle Zahl.	☐
$\int_{a}^{b} f(x)\,dx > 0$	☐
$\int_{a}^{b} f(x)\,dx = F(a) - F(b)$	☐

104 AN-R 3.2

Die Funktion f besitzt eine Stammfunktion F. Weiters gilt für die Funktion G: $G(x) = a \cdot F(x)$ mit $a \in \mathbb{R}^*$.
Entscheide, ob auch die Funktion G eine Stammfunktion von f ist und begründe deine Entscheidung!

105 AN-R 4.2

Gegeben ist das bestimmte Integral $I = \int_{0}^{a} (3x^2 - 1)\,dx$ mit $a \in \mathbb{R}^+$.
Kreuze die beiden zutreffenden Aussagen an!

$I = 3\int_{0}^{a} (x^2 - 1)\,dx$	☐
$I = \int_{0}^{a} 3x^2\,dx - 1$	☐
$I = \int_{0}^{a} 3x^2\,dx - a$	☐
$I = 3a^3 - \frac{a}{3}$	☐
$I = a^3 - a$	☐

1.8 Integrationsregeln

Ziel Substitutionsregel kennen und anwenden **AN-R 4.2**

106
AN-R 4.2

Gegeben ist die Funktion f mit $f(x) = \cos(5x)$. Gib zwei Stammfunktionen $F_1 \neq F_2$ von f an!

$F_1(x) =$ ____________ $F_2(x) =$ ____________

107
AN-R 4.2

Berechne das unbestimmte Integral $\int \cos(a \cdot x)\,dx$.

108
AN-R 4.2

Berechne den Wert des bestimmten Integrals!

$\int_0^1 \sin(a \cdot x)\,dx =$

109
AN-R 4.2

Berechne das unbestimmte Integral $\int 4 \cdot e^{ax}\,dx$.

110
AN-R 4.2

Gegeben sind eine reelle Funktion f und eine Stammfunktion F von f.
Kreuze die beiden zutreffenden Aussagen an!

$f(x) = -3 \cdot \cos(3x)$, $F(x) = -\sin(3x) + 3$	☐
$f(x) = 2 \cdot \sin(2x) + 3$, $F(x) = -\cos(2x)$	☐
$f(x) = 3 \cdot \sqrt{2x}$, $F(x) = \sqrt{(2x)^3}$	☐
$f(x) = \frac{1}{3} \cdot 2^{3x}$, $F(x) = \frac{1}{3 \cdot \ln(2)} 2^{3x}$	☐
$f(x) = \frac{\sqrt{3x}}{2}$, $F(x) = \frac{\sqrt{(3x)^3}}{3} - 2$	☐

111
AN-R 4.2

Kreuze die beiden zutreffenden Aussagen an! Beachte $c \in \mathbb{R}$.

$\int \frac{e^x}{e^x + 2}\,dx = \ln(e^x + 2) + c$	☐
$\int 2 \cdot \cos(3x)\,dx = \frac{3}{2} \cdot \sin(3x) + c$	☐
$\int \frac{dx}{2x - 3} = \frac{2}{3} \cdot \ln(2x - 3) + c$	☐
$\int (2x - 5)^3\,dx = \frac{1}{2} \cdot (2x - 5)^4 + c$	☐
$\int \frac{x \cdot e^x - 1}{x}\,dx = e^x - \ln(x) + c$	☐

Ziel Produkte integrieren

Dieser Abschnitt enthält keine Reifeprüfungs- und Lehrplan-Grundkompetenzen.

1.9 *Uneigentliche Integrale*

Ziel Uneigentliche Integrale darstellen und berechnen

Dieser Abschnitt enthält keine Reifeprüfungs- und Lehrplan-Grundkompetenzen.

2. Anwendung der Integralrechnung

2.1 Flächeninhalte

Fläche zwischen Funktionsgraph und x-Achse

Ziel Flächeninhalte zwischen Funktionsgraphen und x-Achse berechnen **AN-R 4.3**

112 AN-R 4.3

Eine Funktion f ist durch $f(x) = -0{,}1x^3 - 0{,}9x^2 - 1{,}4x + 2{,}4$ gegeben.
Sie hat bei $x = -6$, $x = -4$ und $x = 1$ einfache Nullstellen.
Gesucht ist der Inhalt A der in der Abbildung markierten Fläche.

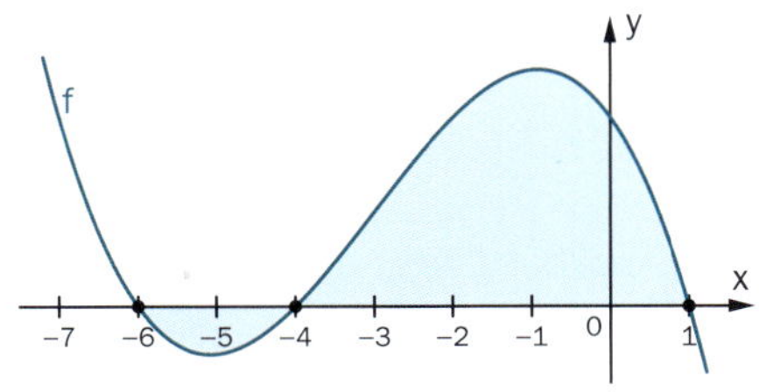

$A =$ ____________________

113 AN-R 4.3

Eine Funktion f ist durch ihren Graphen gegeben. Sie hat bei $x = 4$ eine einfache Nullstelle.
Gesucht ist der Inhalt A der in der Abbildung markierten Fläche.
Gib eine Formel für diesen Flächeninhalt A an!

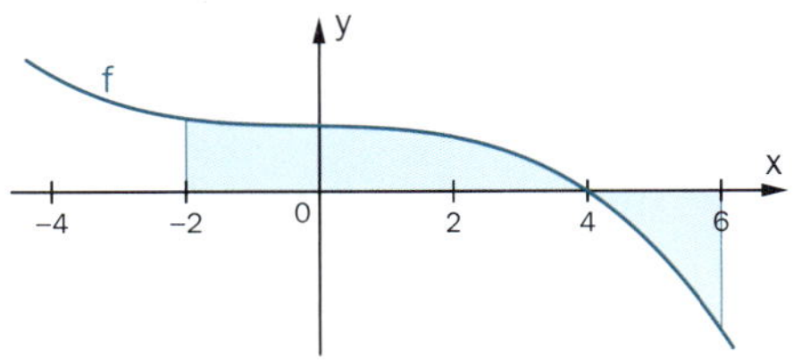

$A =$ ____________________

114 AN-R 4.3

Eine gerade Funktion f ist durch ihren Graphen gegeben. Sie hat bei $x = \frac{\pi}{2}$ und $x = \pi$ einfache Nullstellen.
Gib einen Term zur Berechnung des Inhalts der markierten Fläche an!

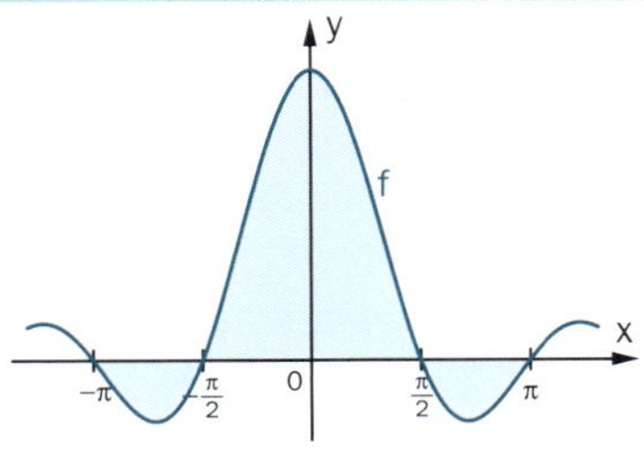

$A =$ ____________________

115 AN-R 4.3

Gegeben sind der Graph der Funktion f sowie der Term einer Stammfunktion F von f: $F(x) = \frac{1}{4} \cdot (x^3 + 9x^2 + 15x)$
Berechne den Flächeninhalt A der markierten Fläche.

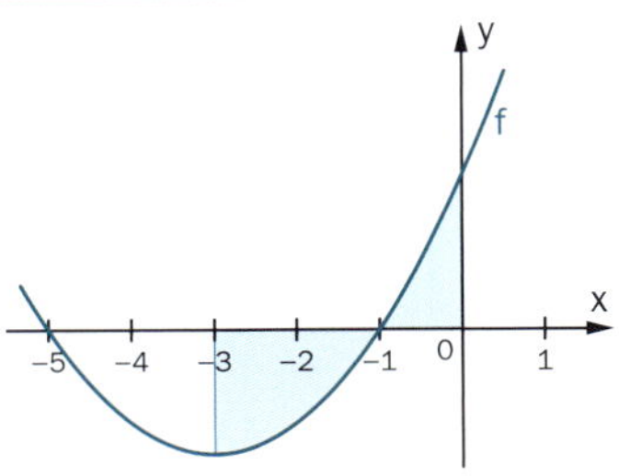

$A =$ ____________________

116 AN-R 4.3

Berechne den Inhalt der Fläche, den der Graph der Funktion f mit $f(x) = x^2 - x - 2$ mit der x-Achse einschließt.

117 AN-R 4.3

Die reelle Funktion f mit dem abgebildeten Graphen hat die Nullstellen bei $x_1 = -2$, $x_2 = 1$ und $x_3 = 3$. Der Funktionsgraph schließt in den Intervallen $[-2; 1]$ und $[1; 3]$ mit der x-Achse Flächen mit den Flächeninhalten A_1 und A_2 ein.
Kreuze die beiden zutreffenden Aussagen an!

$A_1 = \int_{-2}^{1} f(x)\,dx$	☐
$A_2 - A_1 = \int_{-2}^{3} f(x)\,dx$	☐
$A_1 + A_2 = \int_{-2}^{1} f(x)\,dx + \int_{1}^{3} f(x)\,dx$	☐
$A_1 = \int_{-2}^{1} f(x)\,dx$ und $A_2 = \int_{1}^{3} f(x)\,dx$	☐
$A_1 = \left\lvert \int_{-2}^{1} f(x)\,dx \right\rvert$	☐

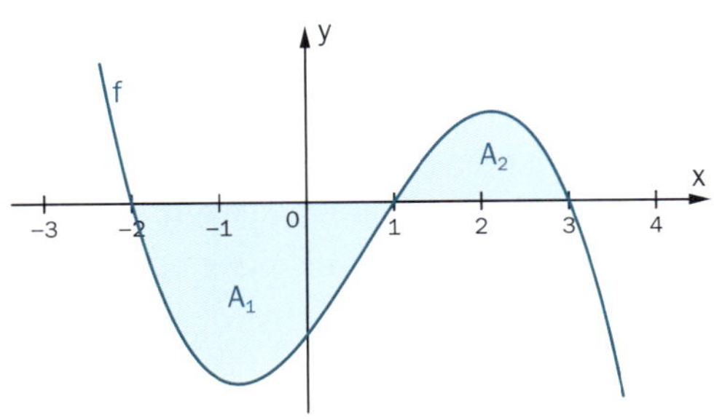

118
AN-R 4.3

Gegeben ist der Graph der Funktion f mit ausschließlich ganzzahligen Nullstellen.
Kreuze die beiden Terme an, mit denen der markierte Flächeninhalt berechnet werden kann.

$\int_1^4 f(x)\,dx$	☐
$\int_1^3 f(x)\,dx + \left\lvert\int_3^4 f(x)\,dx\right\rvert$	☐
$\left\lvert\int_1^4 f(x)\,dx\right\rvert$	☐
$\int_1^3 f(x)\,dx - \int_3^4 f(x)\,dx$	☐
$\left\lvert\int_1^3 f(x)\,dx + \int_3^4 f(x)\,dx\right\rvert$	☐

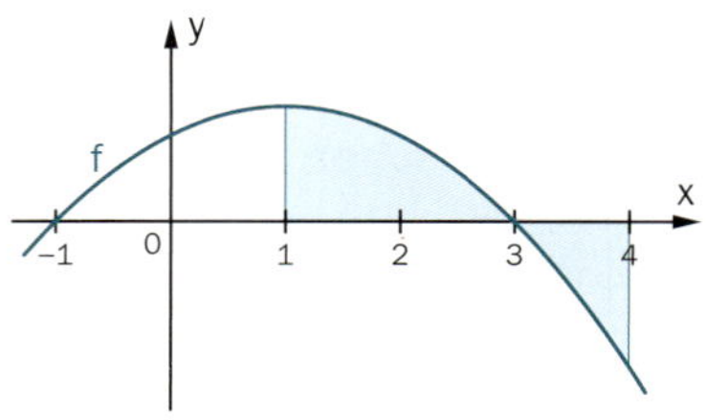

119
AN-R 4.3

Die Abbildung zeigt den Graphen einer Funktion f, die bei $x = -2$, $x = 0$ und $x = 5$ Nullstellen hat.
Kreuze die beiden zutreffenden Aussagen an!

$\int_{-2}^0 f(x)\,dx < \int_0^5 f(x)\,dx$	☐
$\int_{-2}^5 f(x)\,dx > 0$	☐
$\int_{-2}^0 f(x)\,dx > \int_{-2}^5 f(x)\,dx$	☐
$\int_0^5 f(x)\,dx > 6$	☐
$\int_{-2}^0 f(x)\,dx > 0$	☐

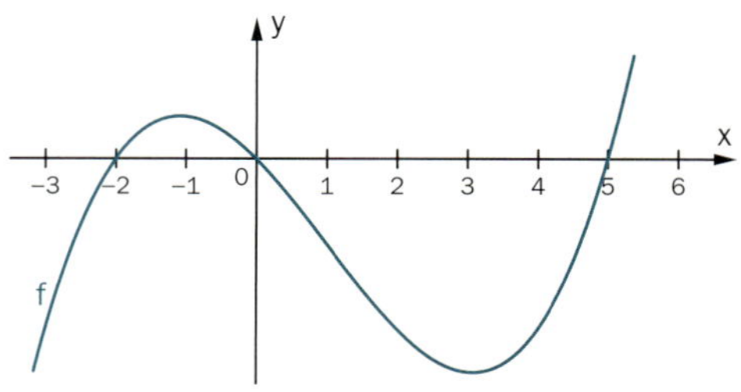

120
AN-R 4.3

In der Abbildung ist der Graph der Funktion f dargestellt, die an den Stellen $x = -4$, $x = -2$ und $x = 3$ Nullstellen besitzt. Der Funktionsgraph schließt mit der x-Achse einen Flächeninhalt A ein, der sich aus den in der Abbildung gekennzeichneten Teilflächen A_1 und A_2 zusammensetzt.
Kreuze die beiden Terme an, die den angegebenen Flächeninhalt korrekt wiedergeben!

$A = \int_{-4}^3 f(x)\,dx$	☐
$A = \left\lvert\int_{-4}^3 f(x)\,dx\right\rvert$	☐
$A_2 = \int_3^{-2} f(x)\,dx$	☐
$A = \int_{-4}^{-2} f(x)\,dx - \int_{-2}^3 f(x)\,dx$	☐
$A = \left\lvert\int_{-4}^{-2} f(x)\,dx\right\rvert + \int_{-2}^3 f(x)\,dx$	☐

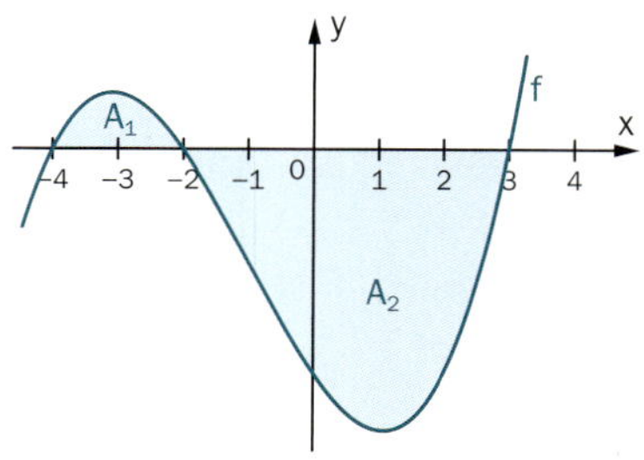

121
AN-R 4.3

In der Abbildung ist der Graph der Funktion f dargestellt, die an den Stellen $x = -3$, $x = -1$ und $x = 2$ Nullstellen besitzt. Der Funktionsgraph schließt mit der x-Achse einen Flächeninhalt A ein, der sich aus den in der Abbildung gekennzeichneten Teilflächen A_1 und A_2 zusammensetzt.
Kreuze die beiden Terme an, die den angegebenen Flächeninhalt korrekt wiedergeben!

$A = \int_{-3}^2 f(x)\,dx$	☐
$A = \int_{-3}^{-1} f(x)\,dx + \int_{-1}^2 f(x)\,dx$	☐
$A = \int_{-3}^{-1} f(x)\,dx + \left\lvert\int_{-1}^2 f(x)\,dx\right\rvert$	☐
$A = \left\lvert\int_{-3}^2 f(x)\,dx\right\rvert$	☐
$A = \left\lvert\int_{-3}^{-1} f(x)\,dx\right\rvert + \left\lvert\int_{-1}^2 f(x)\,dx\right\rvert$	☐

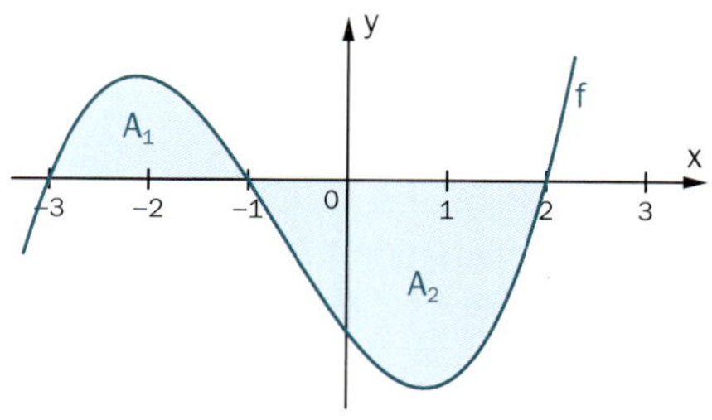

122
AN-R 4.3

Gegeben ist eine Funktion f mit der Funktionsgleichung $y = b^2 - x^2$ mit $b \in \mathbb{R}$. Der Graph der Funktion schließt mit den positiven Koordinatenachsen ein Flächenstück ein.
Gib einen Term zur Berechnung des Inhalts dieses Flächenstücks an!

$A =$ ____________________

123 AN-R 4.3

Ein Ausschnitt einer Wertetabelle der Funktion f sowie einer ihrer Stammfunktionen F sind bekannt.

Ermittle mithilfe der Wertetabelle den Flächeninhalt zwischen dem Graphen der Funktion und der x-Achse im Intervall [0; 3].

x	$f(x)$	$F(x)$
−1	24	−16
0	9	0
1	0	4
2	−3	2
3	0	0
4	9	4
5	24	20
6	45	54

$A =$ ____________________

124 AN-R 4.3

Der Inhalt der Fläche, die vom Graphen der Funktion f mit $f(x) = x^3$, der positiven x-Achse und der Geraden mit der Gleichung $x = a$ ($a \in \mathbb{R}$) eingeschlossen wird, beträgt 20,25 Flächeneinheiten.

Berechne den Wert von a!

$a =$ ____________________

125 AN-R 4.3

Die Funktion f: $\mathbb{R} \to \mathbb{R}^+$ besitzt die Termdarstellung $f(x) = 3x^2 + 3x + 2$.

Bestimme den Wert von $a \in \mathbb{R}$ so, dass der Funktionsgraph mit der x-Achse im Intervall $[-1; a]$ eine Fläche von 48 E^2 einschließt.

$a =$ ____________________

Fläche zwischen zwei Funktionsgraphen

Ziel Flächeninhalte zwischen Funktionsgraphen berechnen **AN-R 4.3**

126 AN-R 4.3

Die Abbildung zeigt die Graphen der beiden Funktionen f und g.

Gib einen mathematischen Ausdruck an, mit dem die Größe A der markierten Fläche berechnet werden kann!

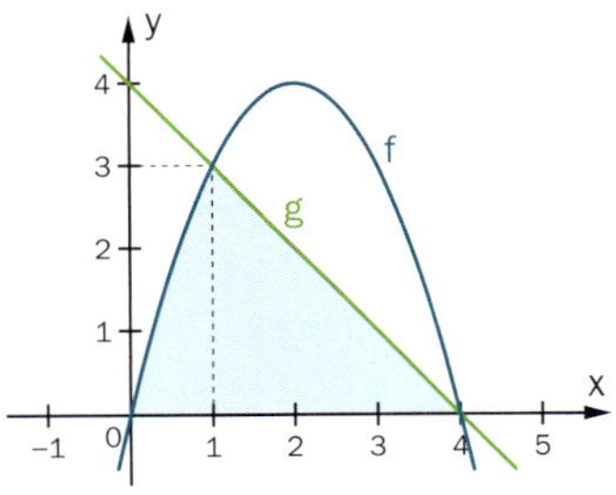

$A =$ ____________________

127 AN-R 4.3

Gegeben sind die Graphen der Funktionen f und g mit $f(x) = \frac{x^4}{4} + 4x$ und $g(x) = 4x + 4$. Schraffiere den Flächeninhalt, den die Graphen der beiden Funktionen einschließen und berechne seine Größe.

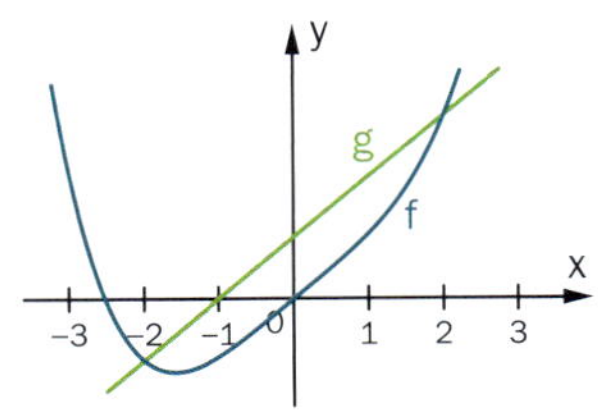

$A =$ ____________________

128 AN-R 4.3

Berechne den Flächeninhalt A der Fläche, die von der Parabel f mit $f(x) = -0{,}5x^2 + 3x - 1{,}5$ und der Geraden g mit $y = 0{,}5x - 4{,}5$ eingeschlossen wird.

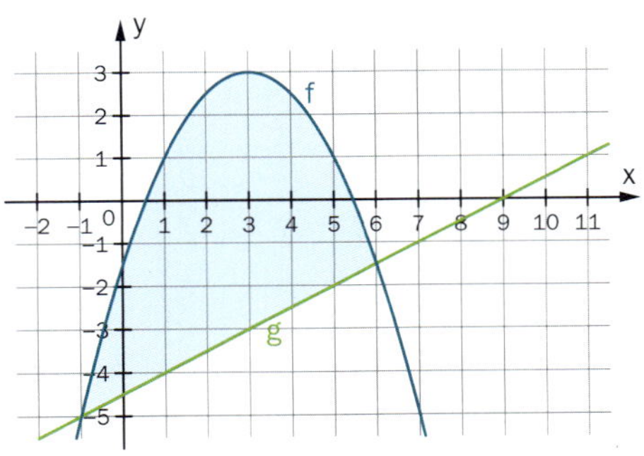

$A =$ ____________________

129 AN-R 4.3

Skizziere die Funktionen f mit $f(x) = x - 2$ und g mit $g(x) = x^2 - 4$ und berechne den Flächeninhalt der von ihren Graphen umschlossenen Fläche.

130 AN-R 4.3

Die Graphen der beiden Polynomfunktionen f und g schneiden einander in genau zwei Punkten, den Punkten $P = (1|3)$ und $Q = (4|5)$. Durch P und Q sowie die Graphen von f und g wird ein Flächenstück begrenzt.

Gib einen Term zur Berechnung seines Flächeninhalts A an!

$A =$ ____________________

131 AN-R 4.3

Die Abbildung zeigt die Graphen der beiden Funktionen f und g.

Gib einen mathematischen Ausdruck an, mit dem die Größe A der markierten Fläche berechnet werden kann!

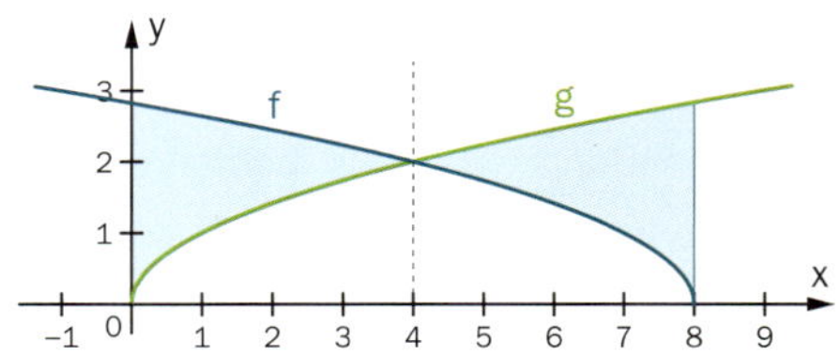

$A =$ ____________________

132 AN-R 4.3

In der Abbildung sind die Graphen der Funktionen g und h dargestellt.

Schraffiere die Fläche, deren Inhalt durch $\int_3^6 g(x)\,dx - \int_5^6 h(x)\,dx$ berechnet werden kann.

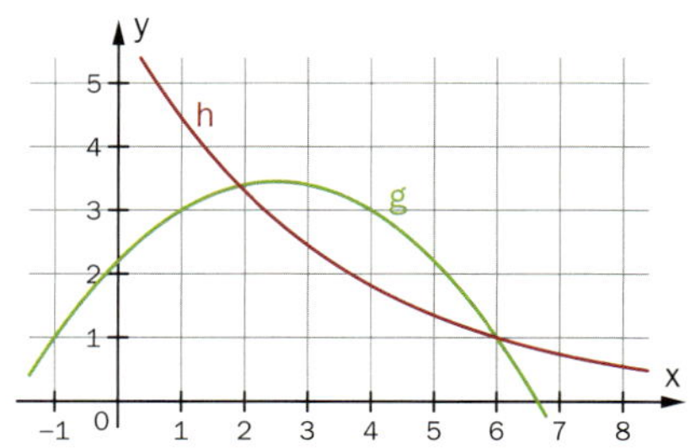

133 AN-R 4.3

Die in der Abbildung markierte Fläche A zwischen den Funktionen f, g und h soll berechnet werden.

Kreuze die beiden zutreffenden Terme an.

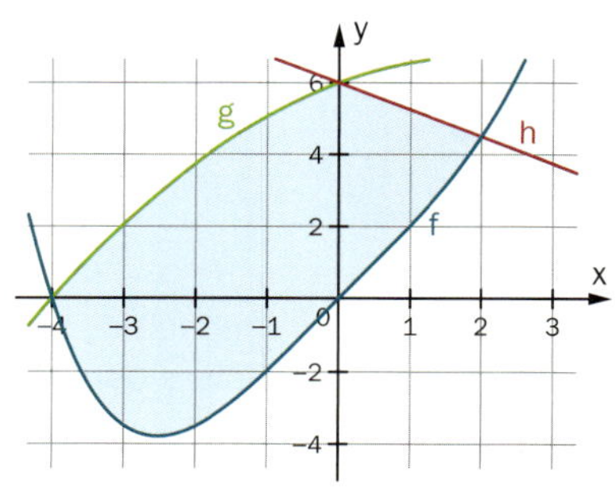

$A = \int_{-4}^{2} [g(x) - f(x)]dx - \int_{0}^{2} f(x)\,dx$	☐
$A = \int_{-4}^{2} [g(x) - f(x)]dx - \int_{0}^{2} [g(x) - h(x)]dx$	☐
$A = \int_{-4}^{0} [g(x) - f(x)]dx + \int_{0}^{2} [g(x) - h(x)]dx$	☐
$A = \int_{0}^{2} h(x)\,dx + \int_{-4}^{0} [h(x) - f(x)]dx$	☐
$A = \int_{-4}^{0} [g(x) - f(x)]dx + \int_{0}^{2} [h(x) - f(x)]dx$	☐

134 AN-R 4.3

In der Abbildung sind die Funktionen f und g dargestellt. Es gilt: $f = -g$

Der Wert des bestimmten Integrals der Funktion f mit $f(x) = \sqrt{x}$ im Intervall $[0; 6]$ ist bekannt: $\int_0^6 \sqrt{x}\,dx = 9{,}8$

Berechne den Inhalt der markierten Fläche zwischen den beiden Kurven!

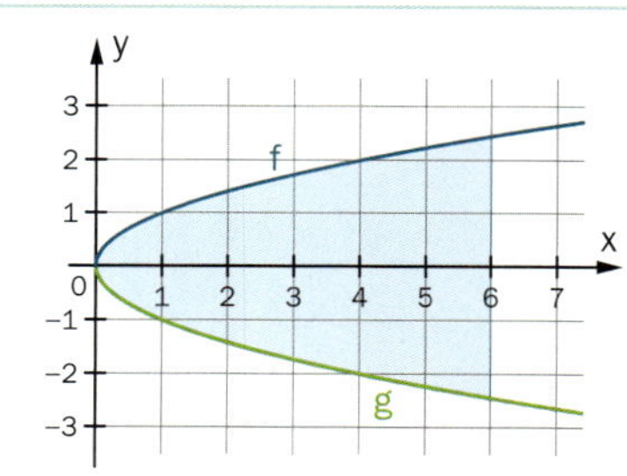

135 AN-R 4.3

Die Funktionen f und g, sowie eine Stammfunktion F von f und eine Stammfunkrion G von g sind grafisch gegeben. Berechne den Inhalt der markierten Fläche mithilfe der Abbildungen.

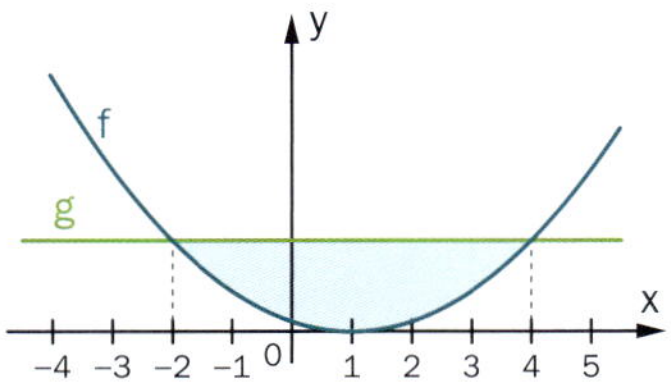

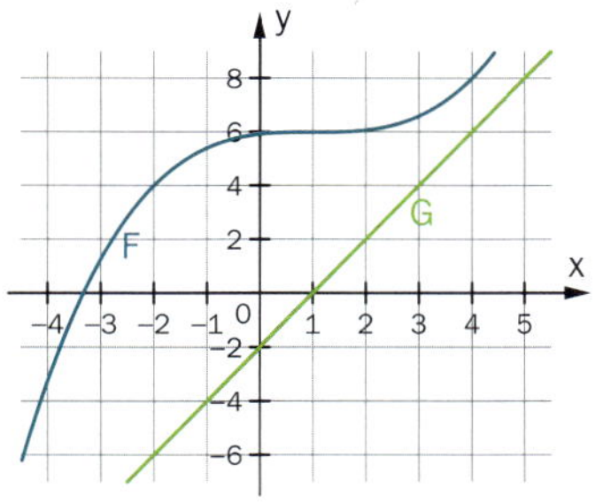

136 AN-R 4.3

Die Funktionen f und g sind grafisch gegeben. Sie haben an den Stellen $x = 0$, $x = 0{,}5$ und $x = 4$ drei Schnittpunkte und schließen die markierten Flächeninhalte A_1 und A_2 ein. Eine Stammfunktion F von f und eine Stammfunktion G von g sind durch eine Wertetabelle gegeben.

Berechne den Flächeninhalt $A_1 + A_2$.

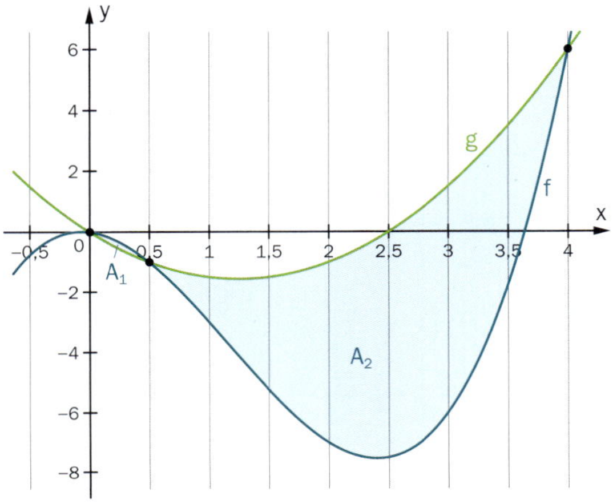

x	F(x)	G(x)
0	0	0
0,5	−0,19	−0,27
1,0	−1,17	−0,92
1,5	−3,23	−1,69
2,0	−6,33	−2,33
2,5	−10,03	−2,60
3,0	−13,50	−2,25
3,5	−15,57	−1,02
4,0	−14,67	1,33

2.2 *Volumina*

Dieser Abschnitt enthält keine Reifeprüfungs- und Lehrplan-Grundkompetenzen.

2.3 Anwendungen in der Physik

Bewegungsaufgaben

Ziel Bestimmte Integrale in Bewegungsaufgaben deuten **AN-R 4.3**

137 AN-R 4.3

Ein Autofahrer bemerkt auf der Autobahn in 150 m Entfernung einen Stau und beginnt gleichmäßig zu bremsen.
Das nebenstehende Diagramm zeigt, wie die Geschwindigkeit v (in m/s) linear mit der Zeit t (in s) sinkt.

Schafft es der Autofahrer, sein Fahrzeug rechtzeitig zum Stillstand zu bringen, oder sollte er stärker bremsen? Begründe deine Entscheidung mit einer Rechnung.

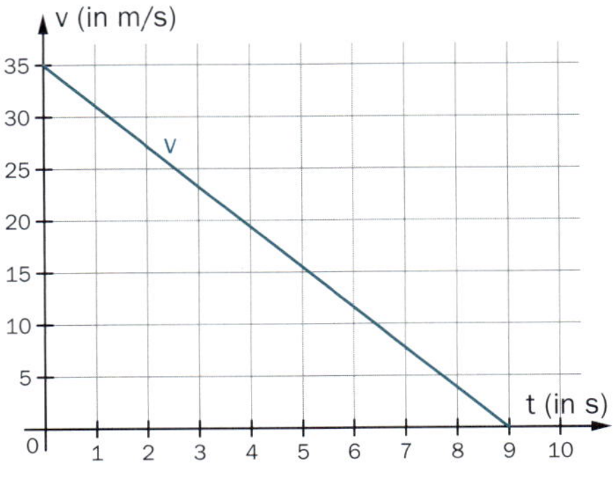

138
AN-R 4.3

Die Funktion v mit $v(t) = 64 - t^2$ gibt die Geschwindigkeit v (in m/s) in Abhängigkeit von der Zeit t (in s) während des Bremsvorgangs an.

Berechne, welchen Weg das Auto während des Bremsvorgangs vom Zeitpunkt $t = 0$ bis zum Stillstand des Autos zurücklegt.

139
AN-R 4.3

Die Abbildung zeigt den Graphen der Geschwindigkeitsfunktion v eines Lastwagens.

Der Term von v ist gegeben durch $v(t) = t(t-6)^2$

Berechne und interpretiere das bestimmte Integral $\int_0^6 v(t)\,dt$ in diesem Kontext.

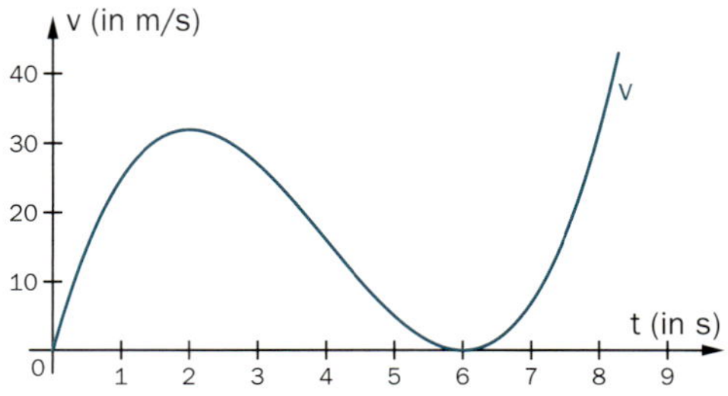

140
AN-R 4.3

Ein Fahrzeug ist auf der Landstraße mit einer Geschwindigkeit von 72 km/h = 20 m/s unterwegs. Der Fahrzeuglenker bemerkt, dass in einiger Entfernung der Bahnschranken schließt und beginnt die Geschwindigkeit zu reduzieren. Das nebenstehende Diagramm zeigt, wie sich die Geschwindigkeit v (in m/s) mit der Zeit t (in s) ab dem Zeitpunkt $t = 0$ ändert.

Ermittle aus dem Diagramm, welchen Weg das Auto ab dem Zeitpunkt $t = 0$ zurücklegt, bis es zum Stillstand kommt.

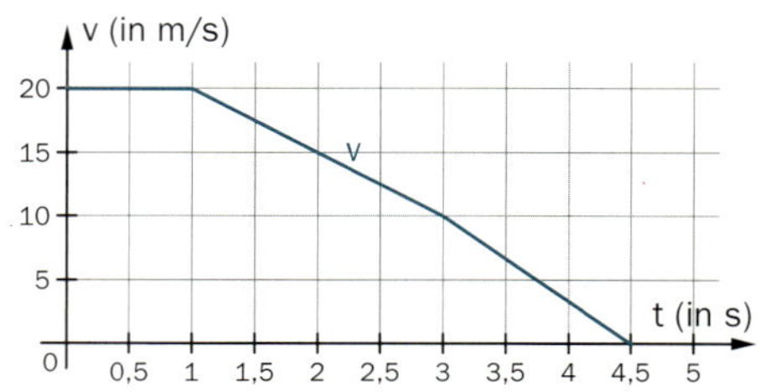

141
AN-R 4.3

Ein Lkw beschleunigt 90 Sekunden lang aus dem Stand ($v(0) = 0$, $s(0) = 0$)) bis zum Erreichen seiner Höchstgeschwindigkeit. Die Beschleunigung a konnte empirisch ermittelt werden und lässt sich durch folgende Funktion beschreiben: $a(t) = \frac{t^2}{8100} - \frac{t}{45} + 1$ (a in m/s^2, t in s)

Berechne die Länge des zurückgelegten Weges während der Beschleunigungsphase.

142
AN-R 4.3

Die Beschleunigung a eines bewegten Objektes in Abhängigkeit der Zeit t kann durch die Termdarstellung $a(t) = 3t$ beschrieben werden (a in m/s^2, t in s). Das Objekt hatte zum Zeitpunkt $t = 0$ die Geschwindigkeit v_0.

Gib die Gleichung einer Funktion v an, welche die Geschwindigkeit des Objektes in Abhängigkeit von der Zeit beschreibt!

$v(t) =$ ____________________

143 AN-R 4.3

Die Beschleunigung a, die ein Mensch während eines Fallschirmsprunges erfährt, lässt sich näherungsweise durch die Funktion a mit $a(t) = 33 \cdot \frac{e^{-0,3t}}{2e^{-0,3t} + e^{-0,6t} + 1}$ (a in m/s², t in s) beschreiben.

Berechne, welche Geschwindigkeit der Fallschirmspringer nach einer Fallzeit von 15 s erreicht.

144 AN-R 4.3

Ein Auto, das mit einer Geschwindigkeit von $v = 45$ km/h (= 12,5 m/s) unterwegs ist, beschleunigt.
Das Diagramm zeigt, wie sich die Größe der Beschleunigung a (in m/s²) mit der Zeit t (in s) für $0 \leq t \leq 40$ ändert.

Es gilt: $\int_0^{40} a(t)\,dt = 22,4$

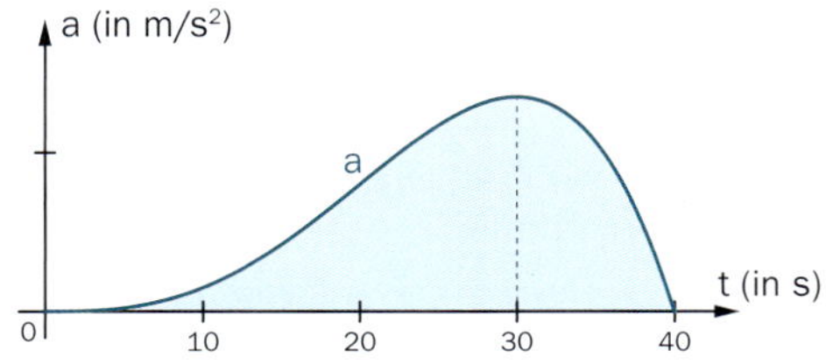

Kreuze die beiden zutreffenden Aussagen an.

Das Auto beschleunigt die ersten 30 s und bremst dann.	☐
Die Fläche unter dem Graphen gibt die Größe der Beschleunigungsstrecke an.	☐
$\int_{t_1}^{t_2} a(t)\,dt$ gibt an, um wie viel sich die Geschwindigkeit im Zeitraum $[t_1; t_2]$ ändert.	☐
Für die Geschwindigkeit des Autos gilt: $v(40) > 120$ km/h	☐
Das Auto erreicht im Zeitraum $0 \leq t \leq 40$ die höchste Geschwindigkeit mit $v = 22,4$ m/s	☐

145 AN-R 4.3

Die Abbildung zeigt das Beschleunigungs-Zeit-Diagramm für eine vier Sekunden lange beschleunigte Bewegung.
Kreuze die beiden zutreffenden Aussagen an!

Nach zwei Sekunden ist die Geschwindigkeit maximal.	☐
Der markierte Flächeninhalt gibt den in den ersten beiden Sekunden zurückgelegten Weg an.	☐
Nach zwei Sekunden ist die Geschwindigkeit null.	☐
Im Intervall [1,5; 2,5] wird die Geschwindigkeit negativ.	☐
Nach vier Sekunden ist die Geschwindigkeit wieder gleich der Anfangsgeschwindigkeit.	☐

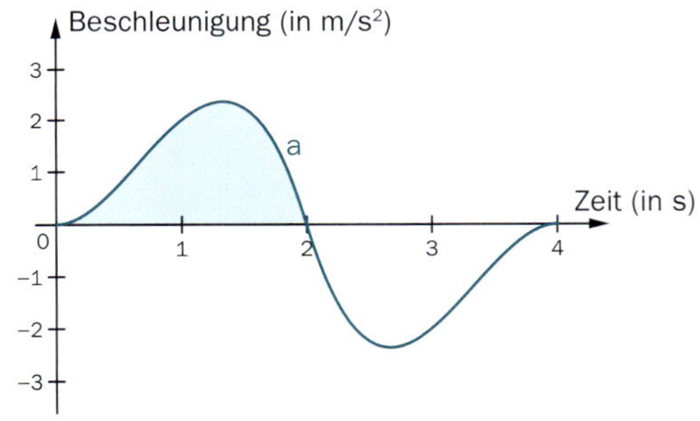

146 AN-R 4.3

Ein Pkw fährt mit einer Geschwindigkeit von 25 m/s, als er durch ein plötzliches Hindernis zu einer Notbremsung gezwungen wird. Dabei ist die Bremsbeschleunigung a durch $a(t) = 6 + 0,2t$ gegeben.
Zeige, dass der Geschwindigkeitsverlauf bei der Notbremsung durch $v(t) = -0,1t^2 - 6t + 25$ gegeben ist.

147 AN-R 4.3

Beim „Trampolin–Turmspringen" ist auf einem 10-m-Turm ein Trampolin montiert. Bei einem Wettbewerb springt ein Athlet mit einer Geschwindigkeit von 6 m/s nach oben. Diese Anfangsgeschwindigkeit wird gemäß der Fallbeschleunigung von $g = 9,81$ m/s² gebremst.

Ermittle eine Funktionsgleichung jener Funktion, die die Höhe h des Athleten (in Metern über der Wasseroberfläche) in Abhängigkeit von der Zeit t (in Sekunden) angibt und berechne, mit welcher Geschwindigkeit der Athlet in das Wasser eintaucht.

Weitere physikalische Kontexte

Ziel Bestimmte Integrale in verschiedenen physikalischen Kontexten deuten **AN-R 4.3**

148 AN-R 4.3

Die Kraft F, um eine Feder zu dehnen, ist abhängig von der Größe der Dehnung x. Das Diagramm zeigt die Kraft F (in N), die nötig ist, um einen Expander eine Strecke x (in m) zu dehnen.

Berechne $\int_{0,5}^{0,8} F(x)\,dx$ und interpretiere das Ergebnis im Kontext.

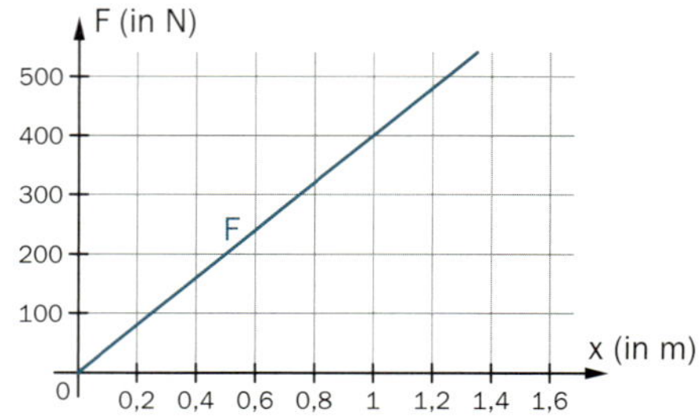

149 AN-R 4.3

Die Federkraft F (in N) die zum Dehnen einer sehr weichen Feder um die Strecke x (in m) notwendig ist, kann mithilfe der Formel $F = 3{,}4 \cdot x$ berechnet werden.

Ermittle die Arbeit, die aufgewendet werden muss, um die Feder aus dem ungedehnten Zustand um eine Länge von 50 cm zu dehnen.

150 AN-R 4.3

Für die Dehnung einer elastischen Feder gilt das Hook'sche Gesetz: $F = k \cdot x$ (F ist die zur Dehnung nötige Kraft in N, x ist die Dehnung in m).

Gib einen Term für die Arbeit W an, die verrichtet werden muss, um eine Feder von der Ausdehnung s_1 bis zur Ausdehnung s_2 zu dehnen.

151 AN-R 4.3

Das Diagramm zeigt die Kraft F (in N), die zum Spannen eines Bogens um die Strecke s (in m) notwendig ist. Diese Kraft ist auch in der Termdarstellung angegeben: $F(s) = 200 \cdot (1 - e^{-10s})$.

Markiere in der Abbildung das bestimmte Integral $\int_0^{0,2} F(s)\,ds$, berechne seinen Wert und interpretiere das Ergebnis!

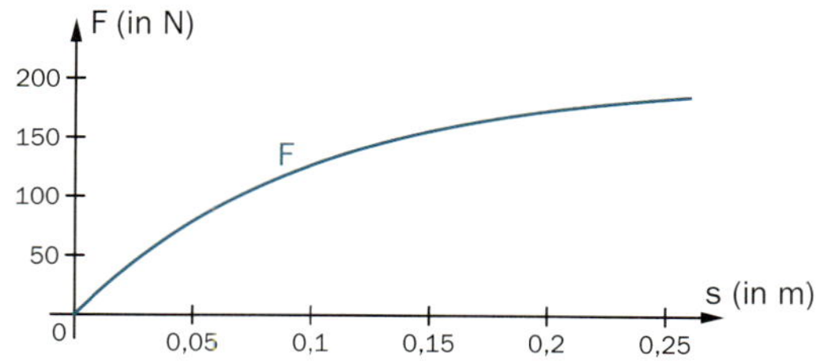

152 AN-R 4.3

Die von einer Wärmepumpe erbrachte Leistung P (in kW) in Abhängigkeit von der Zeit t (in h) lässt sich durch die Funktion $P = P(t)$ beschreiben.

Interpretiere den Wert des Terms $\int_0^{24} P(t)\,dt$ im Kontext.

153 AN-R 4.3

Eine Fotovoltaikanlage erbringt an einem Wintertag 10 Stunden lang eine elektrische Leistung P, die durch $P(t) = 30 \cdot (e^{-0,1t} - e^{-0,2t})$ gegeben ist. Die Zeit ist in Stunden, die Leistung in Kilowatt gegeben. Danach setzt plötzlich heftiger Schneefall ein und die Leistung der Fotovoltaikanlage sinkt auf null.

Berechne die von der Fotovoltaikanlage an diesem Wintertag erbrachte elektrische Arbeit. Achte auf die korrekte Einheit im Ergebnis!

154 AN-R 4.3

Die elektrische Leistung (in W), die an einem bestimmten Werktag von den Elektrogeräten eines Haushaltes entnommen wird, ist durch $P(t) = -\frac{1}{40}(t^4 - 40t^3 + 488t^2 - 2320t - 11120)$ gegeben. Dabei ist t die Uhrzeit.
Berechne die an diesem Werktag insgesamt verrichtete elektrische Arbeit! Gib das Ergebnis in MJ an!

155 AN-R 4.3

Die Donau weist laut Wikipedia eine durchschnittliche Durchflussmenge von 6500 m^3/s auf. Das sind ca. $500 \cdot 10^6$ m^3/Tag. Bei Hochwasser wird diese Menge überschritten und im Laufe von etwa 7 Tagen wird der Normalwert wieder erreicht.
Das nebenstehende Diagramm zeigt in einer Modellrechnung, wie sich die Durchflussmenge V (in 10^6 m^3/Tag) in Abhängigkeit von der Zeit t (in Tagen) während eines Hochwassers ändert.

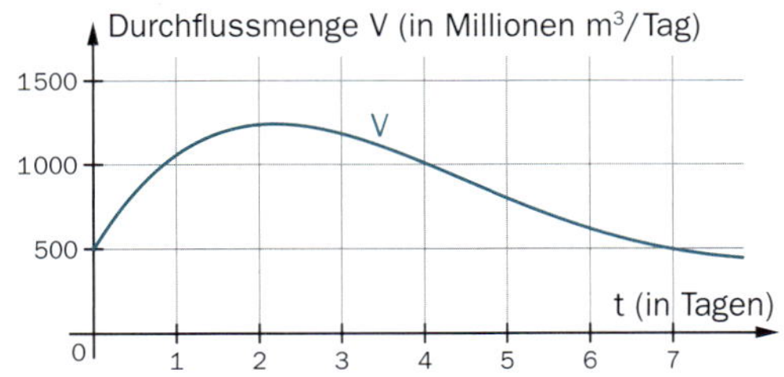

Gib einen Term an, mit dem bei Kenntnis der Funktion V, die beim Hochwasser im Zeitraum $0 \leq t \leq 7$ zusätzlich durchfließende Wassermenge V_z in m^3 berechnet werden kann.

V_z = ____________________

156 AN-R 4.3

Forellen lieben kalte und sauerstoffreiche Gebirgsbäche, Flüsse und Teiche. In einer fachgerechten Forellenzucht müssen daher Becken mit klarem sowie kaltem Wasser zur Verfügung stehen. Zur Versorgung mit frischem Wasser ist jedes Becken mit einem Zufluss und einem Abfluss versehen, deren Durchflussmengen (in m^3/h) mit Ventilen geregelt werden können.
Ein solches Becken wird frisch befüllt, d. h. es befindet sich zur Zeit $t = 0$ kein Wasser im Becken.
Die Änderungsrate der Wassermenge (in m^3/h), die Differenz aus Zuflussrate und Abflussrate, ist durch die Funktion r in nebenstehender Grafik für den Zeitraum [0; 20] dargestellt:

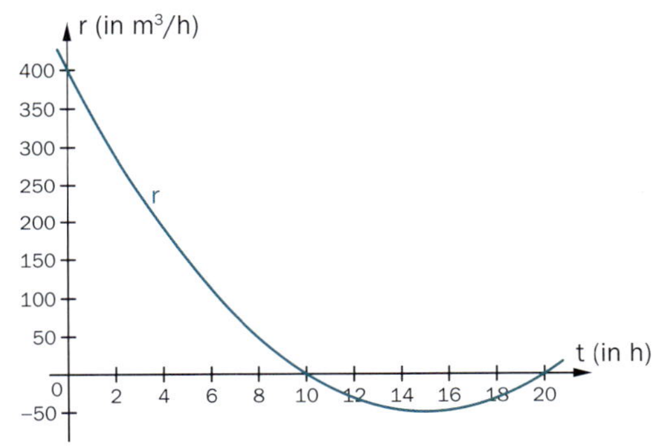

Die Termdarstellung der Funktion r lautet:
$r(t) = 2(t - 10)(t - 20)$
Berechne die Wassermenge im Becken zum Zeitpunkt $t = 20$.

Wassermenge = ____________________

157 AN-R 4.3

Die Abbildung zeigt den CO_2-Ausstoß eines PKW in g/km in Abhängigkeit von der Zahl der gefahrenen Kilometer.
Der CO_2-Ausstoß steigt während der ersten 80 km gemäß $f(x) = \sqrt{160x - x^2}$, bleibt danach 60 km konstant und sinkt auf den letzten 20 km Fahrt gemäß $h(x) = 0{,}2x^2 - 64x + 5120$ auf null.
Berechne und interpretiere im gegebenem Kontext:
$\int_0^{80} f(x)\,dx + \int_{80}^{140} g(x)\,dx + \int_{140}^{160} h(x)\,dx$

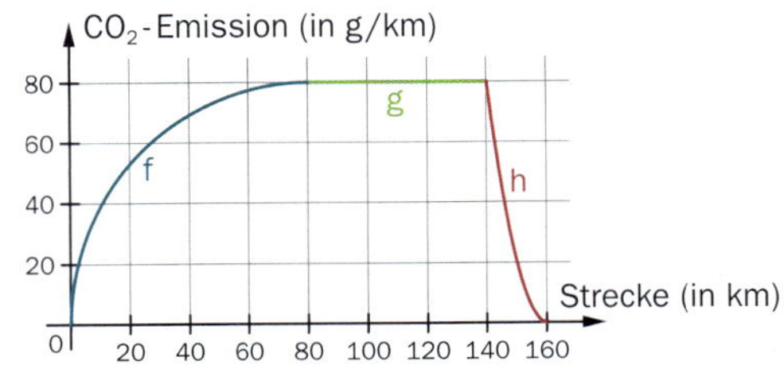

158 AN-R 1.2

Eine Badewanne mit einem Fassungsvermögen von 110 Litern wird innerhalb von fünfeinhalb Minuten mit Wasser gefüllt. Für die Zuflussgeschwindigkeit v des Wassers gilt daher:

$$v(t) = \begin{cases} c & \text{für } t \leq 5{,}5 \\ 0 & \text{für } t > 5{,}5 \end{cases} \qquad v(t) \text{ in l/min, } t \text{ in min, } c \in \mathbb{R}^+$$

Berechne das bestimmte Integral $\int_0^1 v(t)\,dt$ und interpretiere das Ergebnis im gegebenen Kontext!

2.4 Mittelwert einer Funktion

Ziel Mittelwert einer Funktion mittels Integralrechnung bestimmen **AN-R 4.3**

159 AN-R 4.3

Berechne den Mittelwert m der Funktion f im Intervall $[0; \pi)$ mit $f(x) = \sin x$.

160 AN-R 4.3

Die Termdarstellung der Funktion f:$[0; 6] \to \mathbb{R}$ ist bekannt: $f(x) = 3 - x$

Begründe anschaulich, warum der Mittelwert der Funktion über die gesamten Definitionsmenge den Wert null hat.

161 AN-R 4.3

Die Geschwindigkeit (in m/s) eines Autos in Abhängigkeit von der Zeit (in s) kann durch die Funktion $v = v(t)$ beschrieben werden.

Interpretiere den Wert $\frac{1}{11}\int_0^{11} v(t)\,dt$ im Kontext.

162 AN-R 4.3

Ein Auto bewegt sich mit der Geschwindigkeit v (in m/s), die sich mit der Zeit t (in s) gemäß $v(t) = 2 + 0{,}06t + 0{,}02t^2$ ändert.

Berechne seine Durchschnittsgeschwindigkeit $\bar{v}$ im Zeitintervall $[10; 30]$.

163 AN-R 4.3

Eine Firma bringt ein neues Produkt auf den Markt und erhebt für das erste Jahr die monatlichen Verkaufszahlen.

In der Abbildung ist der Graph der Funktion N dargestellt, die zeigt, wie sich die monatlichen Verkaufszahlen N (in 1000 Stück) mit der Zeit t (in Monaten) verändern.

Interpretiere die Gleichung $\frac{1}{12}\int_0^{12} N(t)\,dt \approx 2{,}9$ im Kontext!

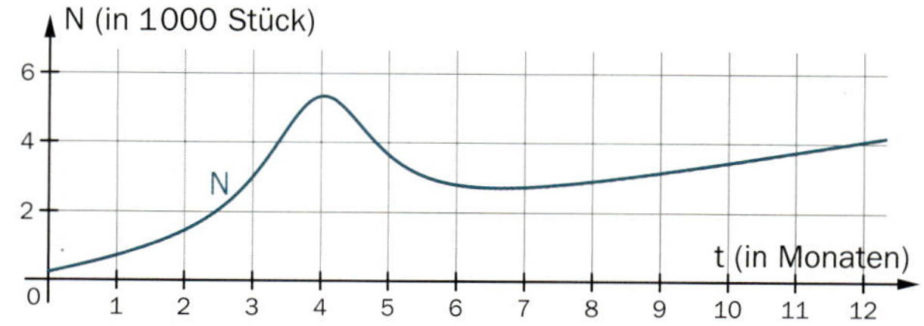

3. Wahrscheinlichkeitsrechnung

3.1 Approximation der Binomialverteilung – Gauß'sche Glockenkurve

Ziel Eigenschaften der Gauß'schen Glockenkurve kennen **WS-R 3.4**

164
WS-R 3.4

Die Abbildung zeigt die Wahrscheinlichkeitsverteilung einer binomialverteilten Zufallsvariable X sowie den Graphen der Funktion f. Die Wahrscheinlichkeit $P(8 \leq X \leq 12)$ kann näherungsweise mithilfe des bestimmten Integrals $\int_a^b f(x)\,dx$ berechnet werden.

Gib die passenden Werte für die Intervallgrenzen a und b an!

a = ______________ b = ______________

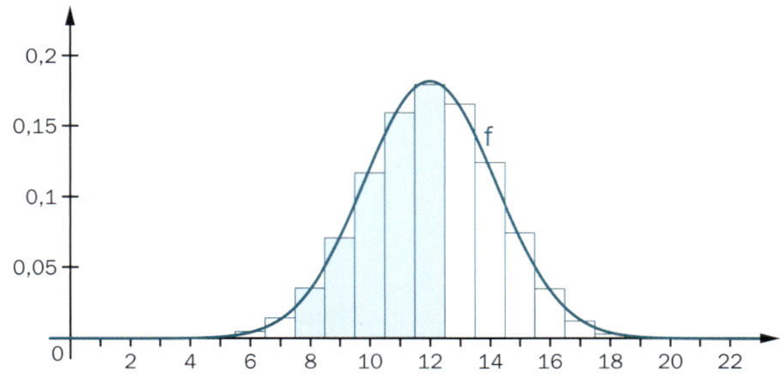

165
WS-R 3.4

Die Abbildung zeigt die Wahrscheinlichkeitsverteilung einer binomialverteilten Zufallsvariablen X sowie den Graphen der Funktion f. Die im Diagramm gekennzeichnete Wahrscheinlichkeit kann näherungsweise mithilfe von f berechnet werden.

Gib einen Term an, mit dem $P(15 \leq X \leq 19)$ abgeschätzt werden kann!

$P(15 \leq X \leq 19) \approx$ ______________

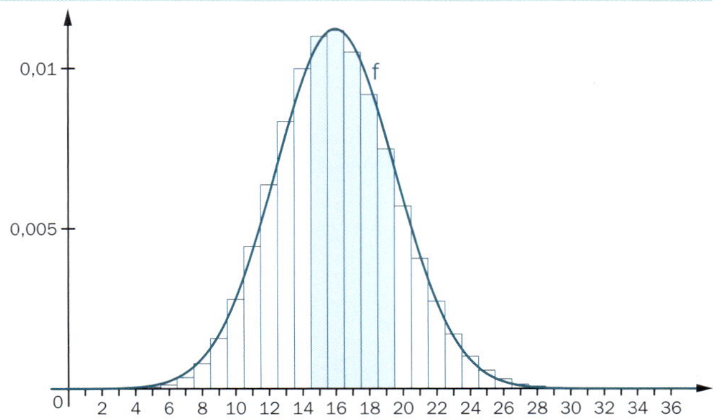

166
WS-R 3.4

Die Abbildungen zeigen vier Gauß'sche Glockenkurven f mit den Parametern μ und σ, die zur Approximation verschiedener Binomialverteilungen verwendet werden.

Ordne den Abbildungen jeweils die entsprechenden Werte von μ und σ (aus A bis F) zu!

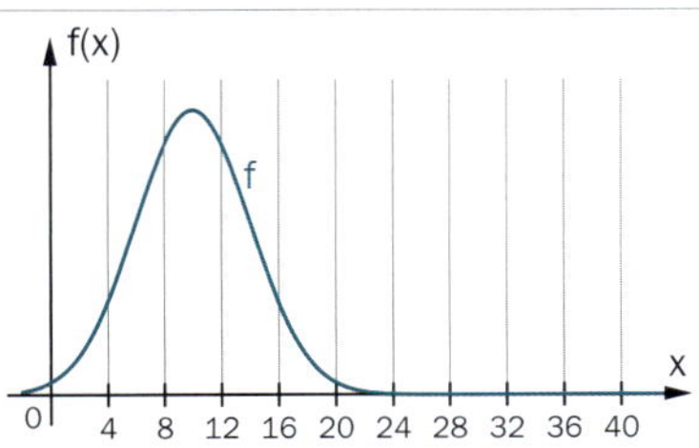

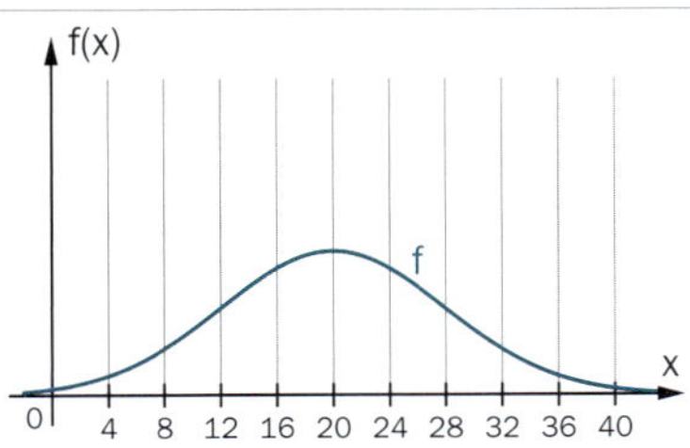

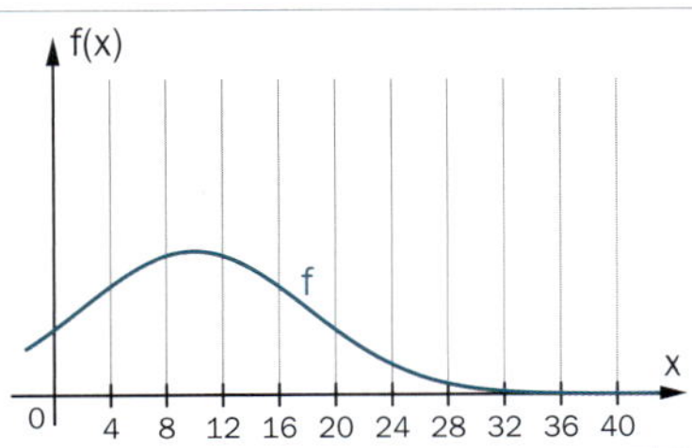

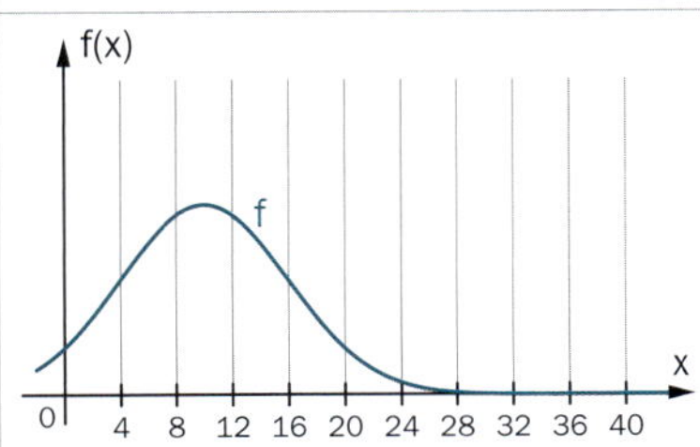

A	$\mu = 10;\ \sigma = 4$
B	$\mu = 10;\ \sigma = 6$
C	$\mu = 10;\ \sigma = 8$
D	$\mu = 20;\ \sigma = 4$
E	$\mu = 20;\ \sigma = 6$
F	$\mu = 20;\ \sigma = 8$

167 WS-R 3.4

Gegeben sind die Graphen von vier Gauß'schen Glockenkurven.
Ordne den Graphen jeweils die entsprechenden Werte für μ und σ (aus A bis F) zu!

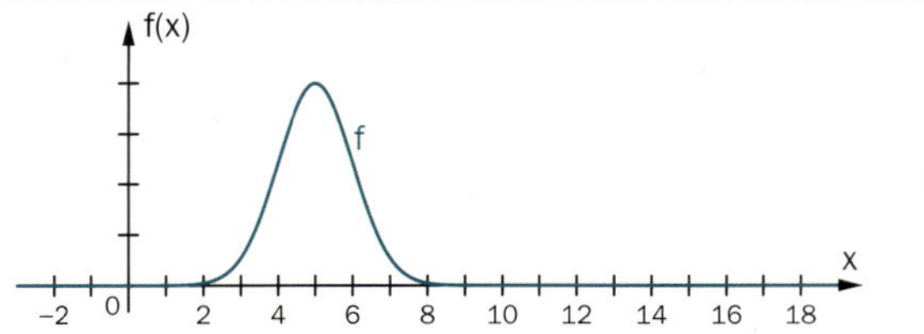

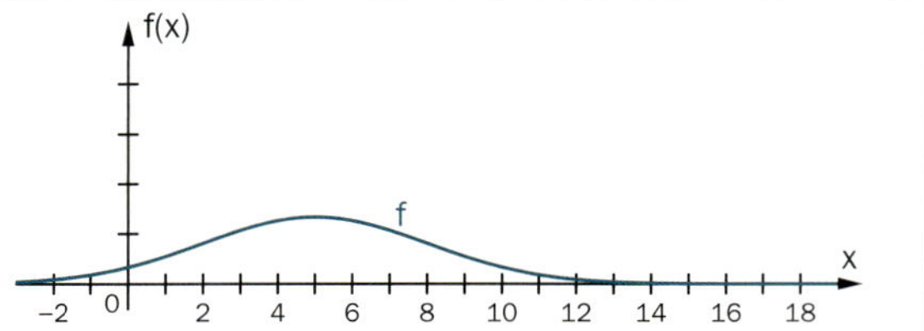

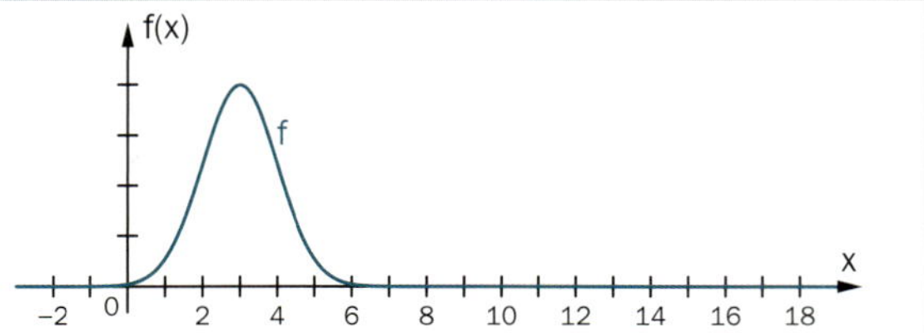

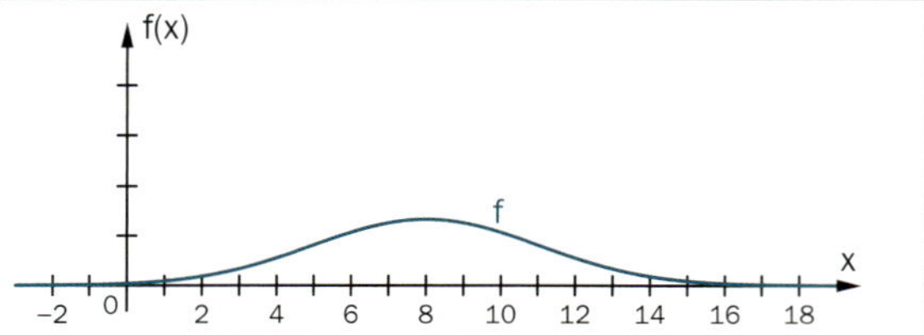

A	$\mu = 3,\ \sigma = 1$
B	$\mu = 3,\ \sigma = 3$
C	$\mu = 5,\ \sigma = 1$
D	$\mu = 5,\ \sigma = 3$
E	$\mu = 8,\ \sigma = 3$
F	$\mu = 8,\ \sigma = 1$

168 WS-R 3.4

Die Abbildung zeigt den Graphen einer Gauß'schen Glockenkurve mit dem Hochpunkt H und den Wendepunkten W_1 und W_2.
Gib die Parameter μ und σ an!

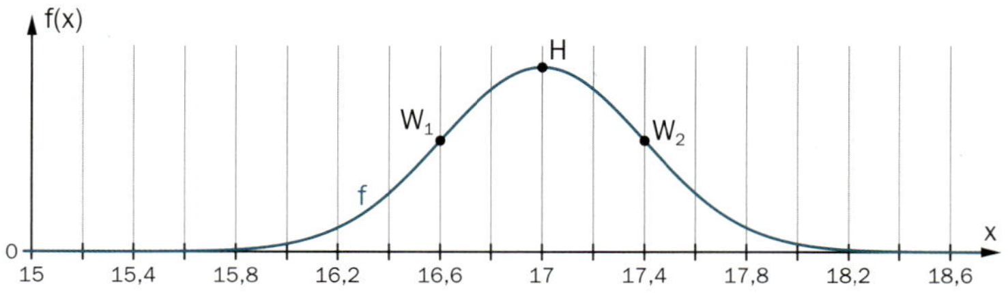

$\mu =$ ______________

$\sigma =$ ______________

169 WS-R 3.4

Gegeben sind Aussagen über verschiedene Eigenschaften der Gauß'schen Glockenkurve mit Erwartungswert μ und Standardabweichung σ.
Kreuze die beiden zutreffenden Aussagen an!

Je größer μ, umso breiter ist der Funktionsgraph.	☐
Je größer μ, desto größer ist die y-Koordinate des Hochpunktes des Graphen.	☐
Je größer σ, desto breiter ist der Funktionsgraph.	☐
Je größer σ, desto größer ist der Flächeninhalt unter dem Funktionsgraphen.	☐
Die Gauß'sche Glockenkurve hat bei $x = \mu \pm \sigma$ ihre Wendestellen.	☐

170 WS-R 3.4

Die Form der Gauß'schen Glockenkurve ist abhängig von den Werten der Parameter μ und σ.
Kreuze die beiden zutreffenden Aussagen an!

Je größer σ bei gleichbleibendem μ, umso breiter ist der Graph der Glockenkurve.	☐
Durch eine Veränderung von σ wird die Lage der Wendepunkte nicht beeinflusst.	☐
Je größer μ, umso weiter ist der Graph der Glockenkurve nach links verschoben.	☐
Je kleiner σ bei gleichbleibendem μ, umso größer ist die y-Koordinate des Hochpunktes des Graphen.	☐
Ist $\mu > \sigma$, dann beschreibt die Glockenkurve keine symmetrische Funktion mehr.	☐

171 WS-R 3.4

Die Abbildung zeigt die Graphen von zwei Gauß'schen Glockenkurven. Die Funktion f_1 wird durch die Parameter μ_1 und σ_1 festgelegt, die Funktion f_2 durch μ_2 und σ_2.

Kreuze die beiden zutreffenden Aussagen an!

$\mu_1 > \mu_2$	☐
$\lvert\sigma_1\rvert > \lvert\sigma_2\rvert$	☐
$\sigma_2 < \mu_1$	☐
$\sigma_1 < \sigma_2$	☐
$\mu_2 > \mu_1$	☐

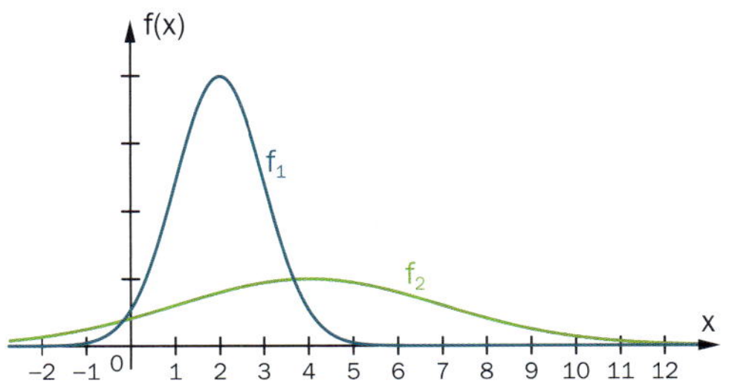

172 WS-R 3.4

Gegeben ist der Graph einer Gauß'schen Glockenkurve mit den Parametern μ und σ.
Wie verändert sich der Graph, wenn σ vergrößert wird?
Skizziere den Verlauf einer solchen Funktion im gegebenen Koordinatensystem!

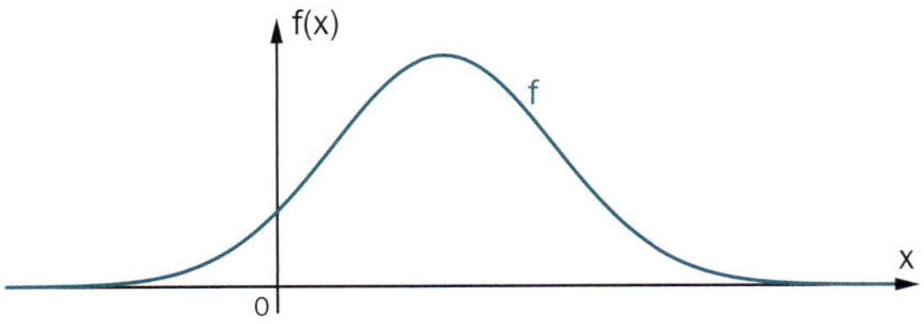

173 WS-R 3.4

Gegeben ist eine Gauß'sche Glockenkurve f mit den Parametern μ und σ.
Kreuze die beiden zutreffenden Aussagen an!

$f(x) \geq 0 \quad \forall x \in \mathbb{R}$	☐
$f(\mu) = 1$	☐
$f(\sigma - x) = f(\sigma + x) \quad \forall x \in \mathbb{R}$	☐
$f(\mu) \geq f(x) \quad \forall x \in \mathbb{R}$	☐
$\mu \geq 0$	☐

3.2 Normalverteilung

Ziel Wahrscheinlichkeit einer normalverteilten Zufallsvariablen berechnen **WS-L 3.5**

174 WS-L 3.5

Gegeben ist der Graph der Dichtefunktion f einer normalverteilten Zufallsvariable X.
Stelle die Wahrscheinlichkeit $P(2 < X < 5)$ in der Abbildung dar!

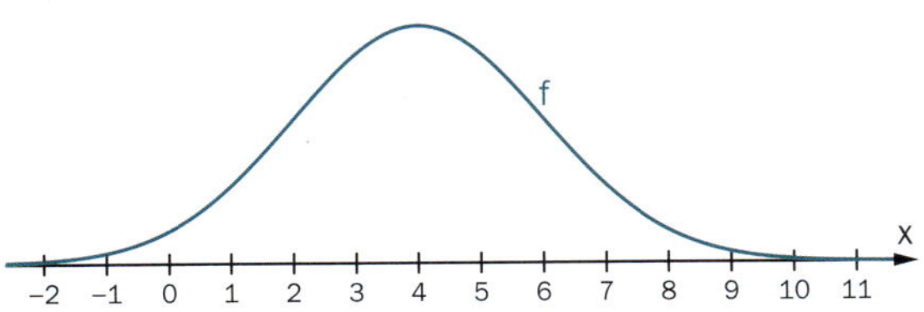

175 WS-L 3.5

Die Körpergröße des Lehrkörpers an einem Gymnasium ist annähernd normalverteilt mit dem Erwartungswert $\mu = 170$ cm. Die Abbildung zeigt den Graphen der zugehörigen Dichtefunktion.

Erläutere die Bedeutung der markierten Fläche im gegebenen Kontext!

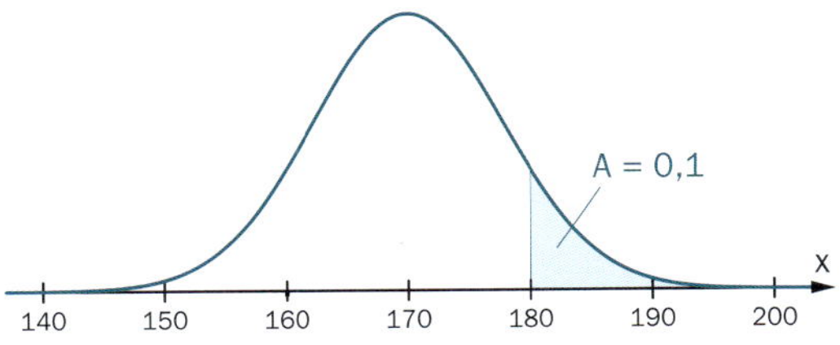

176
WS-L 3.5

Auf einem Autobahnabschnitt wird die Durchschnittsgeschwindigkeit der Fahrzeuge gemessen. Sie ist annähernd normalverteilt. Der Erwartungswert beträgt 125 km/h, die Standardabweichung 5 km/h.

Kennzeichne die Wahrscheinlichkeit, dass die Geschwindigkeit einer zufällig ausgewählten Fahrerin bzw. eines zufällig ausgewählten Fahrers zwischen 125 km/h und 130 km/h liegt, in der Abbildung!

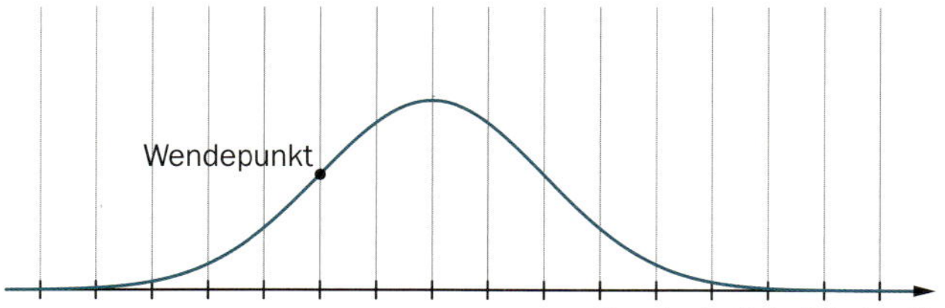

177
WS-L 3.5

In einer Fabrik soll Gesichtswasser in Flaschen zu je 100 ml abgefüllt werden. Eine groß angelegte Testserie hat ergeben, dass nicht jede Flasche auch die angegebene Menge enthält. Vielmehr geht man davon aus, dass die Füllmenge $N(101; 5)$-verteilt ist (Angaben in ml).
Der Graph zeigt die Dichtefunktion einer $N(101; 5)$-verteilten Zufallsvariablen.

Kennzeichne die Wahrscheinlichkeit, dass die Füllmenge einer zufällig ausgewählten Flasche Gesichtswasser um mehr als eine Standardabweichung unter dem Erwartungswert liegt, wenn die Annahme über die zugrundeliegende Verteilung stimmt!

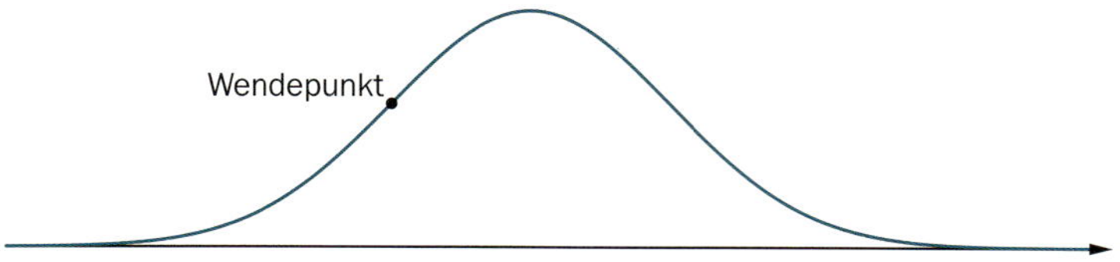

178
WS-L 3.5

Die maximale Wartezeit X (in s) bei einer Ampel ist im innerstädtischen Bereich einer Kleinstadt annähernd normalverteilt mit $\mu = 60$. Die Wahrscheinlichkeit, dass die maximale Wartezeit weniger als 40 Sekunden beträgt, liegt bei 0,2.

Ermittle $P(X > 80)$.

Fotolia.com/Naj

$P(X > 80) =$ ____________

179
WS-L 3.5

Gegeben ist die Dichtefunktion f einer normalverteilten Zufallsvariablen X mit $\mu = 50$ sowie die Wahrscheinlichkeit $P(X > 60) = 0{,}1$.

Kreuze die beiden zutreffenden Aussagen an!

$P(X < 50) = 0{,}5$	☐
$P(40 < X < 60) = 0{,}8$	☐
$P(50 < X < 60) = 0{,}3$	☐
$P(X > 65) = 0{,}05$	☐
$P(X < 40) = P(X < 60)$	☐

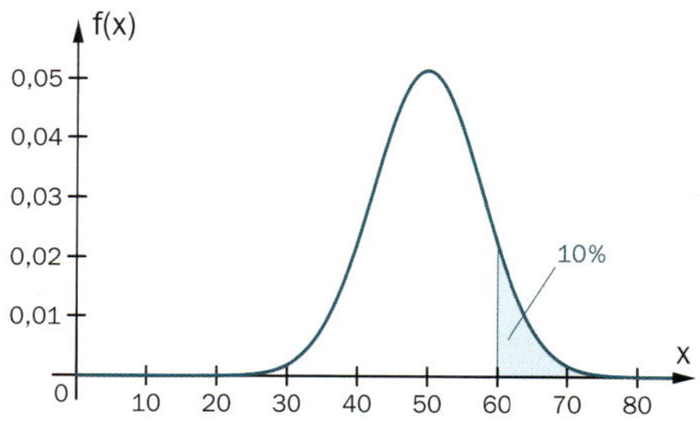

180
WS-L 3.5

Von einer normalverteilten Zufallsvariablen X kennt man die Wahrscheinlichkeit eines um den Erwartungswert μ symmetrischen Intervalls: $P(3{,}8 < X < 4{,}2) = 0{,}7$

Berechne die Wahrscheinlichkeit $P(X < 3{,}8)$.

$P(X < 3{,}8) =$ ____________

181 WS-L 3.5

Das Körpergewicht X von den 900 Schülerinnen und Schülern einer Schule ist annähernd normalverteilt mit $\mu = 65$ kg.
Es gilt: $P(X > 57) = 0{,}85$

Ermittle die Wahrscheinlichkeit $P(57 < X < 73)$ nachvollziehbar auf Basis von Symmetrieüberlegungen!

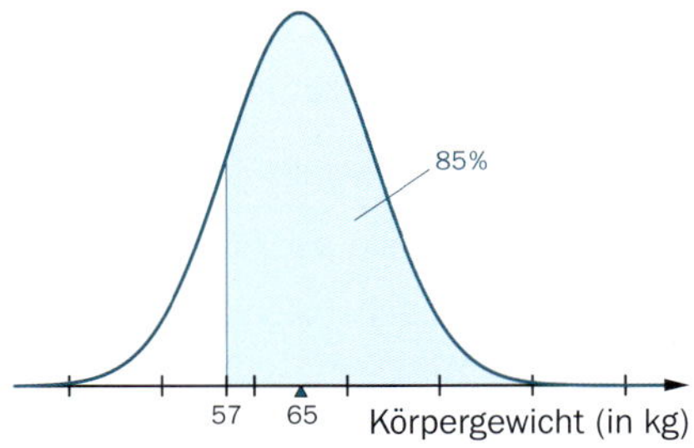

182 WS-L 3.5

Gegeben ist eine normalverteilte Zufallsvariable X.
Ordne der Fläche unter der entsprechenden Gauß'schen Glockenkurve f jeweils die entsprechende Wahrscheinlichkeit (aus A bis F) zu!

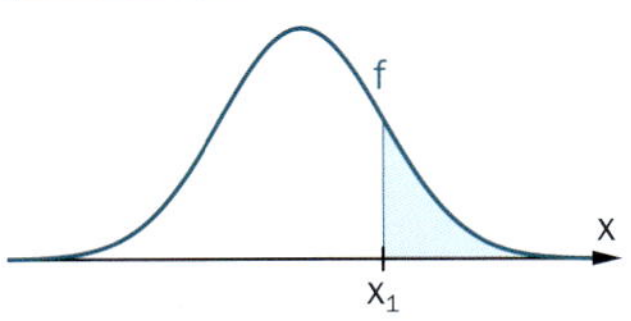	
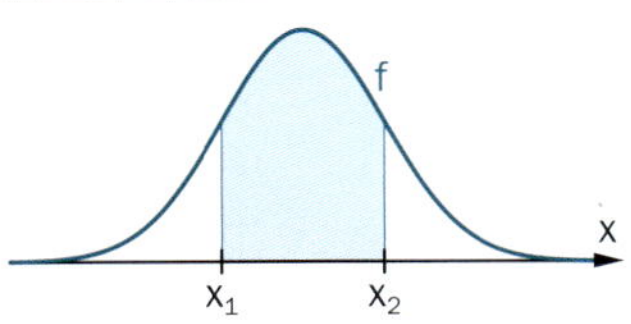	
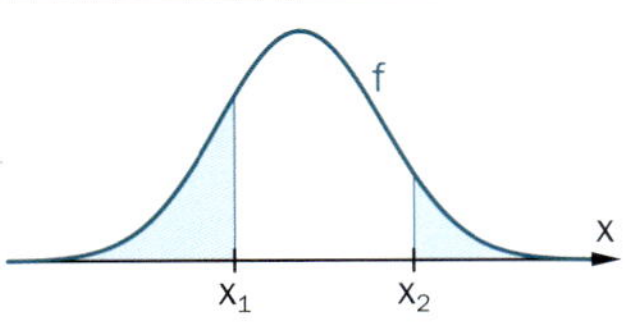	
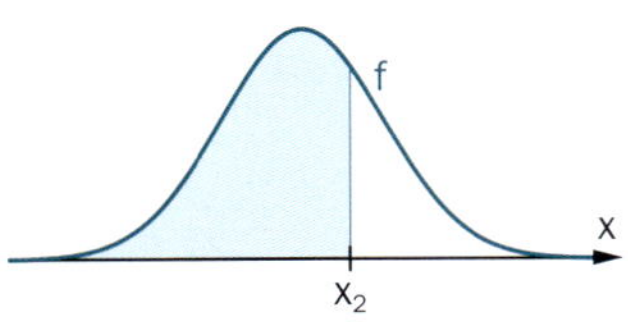	

A	$1 - P(x_1 < X < x_2)$
B	$1 - P(X < x_1)$
C	$P(x_1 < X < x_2)$
D	$P(X < x_1)$
E	$1 - P(X < x_2)$
F	$P(X < x_2)$

183 WS-L 3.5

Die Zufallsvariable X ist normalverteilt mit Erwartungswert 4 und Standardabweichung 1.
Ermittle die Wahrscheinlichkeit, dass die Zufallsvariable X einen Wert kleiner als 5 annimmt! Verwende dazu die gegebene Darstellung!

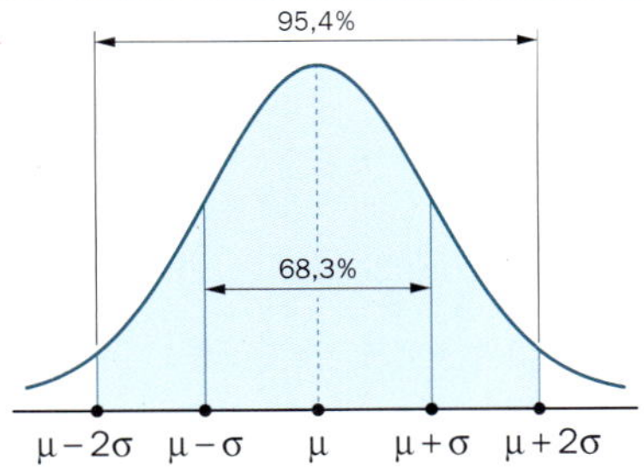

$P(X < 5) \approx$ ______________ %

184 WS-L 3.5

Die Länge von maschinell produzierten Nägeln ist annähernd normalverteilt. Die dazugehörige Dichtefunktion f ist grafisch dargestellt und besondere Punkte (Extrempunkt, Wendepunkte) sind markiert.
Ermittle mithilfe dieser Abbildung die Wahrscheinlichkeit dafür, dass ein Nagel kürzer als 45 mm oder aber länger als 55 mm ist.

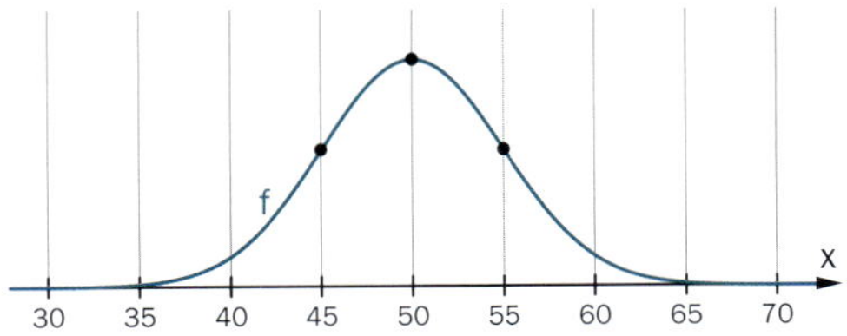

185
WS-L 3.5

Die Zufallsvariable X ist normalverteilt mit Erwartungswert μ und Standardabweichung σ.
Kreuze die beiden zutreffenden Aussagen an!

Mit einer Wahrscheinlichkeit von 50 % gilt: $X < \mu$	☐
Die Zufallsvariable X kann nicht größer als $\mu + 4 \cdot \sigma$ sein.	☐
Mit einer Wahrscheinlichkeit von etwa 68 % nimmt X einen Wert an, der um mehr als σ vom Erwartungswert abweicht.	☐
Die Wahrscheinlichkeit, dass X genau den Erwartungswert annimmt, beträgt 0 %.	☐
Die Zufallsvariable kann nur ganzzahlige Werte annehmen.	☐

186
WS-L 3.5

Eine Firma produziert Metallbolzen, deren Durchmesser annähernd normalverteilt sind. Ein Metallbolzen kann nur verkauft werden, wenn sein Durchmesser zwischen 80,7 mm und 81,3 mm liegt.
Erfahrungswerte für die Durchmesser der Metallbolzen sind:
Erwartungswert $\mu = 81$ mm und Standardabweichung $\sigma = 0{,}2$ mm

Berechne, wie viel Prozent der Produktion erwartungsgemäß Ausschuss sind.

187
WS-L 3.5

Die Länge von Heftklammern, in mm gemessen, ist $N(8;\ 0{,}1)$-verteilt.
Heftklammern mit einen Länge von mehr als 8,3 mm können in handelsüblichen Heftgeräten Probleme verursachen.

Ermittle den Anteil jener Heftklammern, die ein Problem verursachen können.

188
WS-L 3.5

Aus Erfahrung weiß eine Fluglinie, dass die Masse (in kg) jedes Aufgabegepäckstücks $N(18;\ 2{,}5)$-verteilt ist. Für Gepäckstücke mit einer Masse über 21 kg wird ein Aufpreis verrechnet.

Berechne, für welchen Anteil der Gepäckstücke vermutlich ein Zuschlag verrechnet wird.

189
WS-L 3.5

Die Zufallsvariable X ist normalverteilt mit $\mu = 50$ und $\sigma = 7$.
Kreuze die beiden zutreffenden Aussagen an!

$P(43 < X < 57) \approx 0{,}68$	☐
$P(30 < X < 50) = 0{,}5$	☐
$P(40 < X < 60) < P(40 < X < 50)$	☐
$P(36 < X < 64) \approx 0{,}95$	☐
$P(X > 50) < 0{,}5$	☐

190
WS-L 3.5

Die Zufallsvariable X ist $N(\mu;\ \sigma)$-verteilt.
Begründe, warum $P(\mu - \sigma < X < \mu + \sigma) = P(\mu - \sigma \leq X \leq \mu + \sigma)$ ist.

191 WS-L 3.5

Die Funktion $f\colon\ \mathbb{D}_f \to \mathbb{W}_f$ sei die Dichtefunktion einer $N(\mu;\sigma)$-verteilten Zufallsvariablen X.
Kreuze die beiden zutreffenden Aussagen an!

$\int_{-\infty}^{\infty} f(x)\,dx = 1$	☐
Ist $x_1 < x_2$, so ist $f(x_1) < f(x_2)$.	☐
Für alle $x_2 \in \mathbb{D}_f$ gilt $\int_{-\infty}^{x_2} f(x)\,dx = \int_{x_2}^{\infty} f(x)\,dx$	☐
$\frac{f(x_2) - f(x_1)}{x_2 - x_1} = 1$ für alle $x_1, x_2 \in \mathbb{D}_f$	☐
$f(x) \geq 0$ für alle $x \in \mathbb{D}_f$	☐

3.3 Die Standardnormalverteilung

Ziel Dichte- und Verteilungsfunktion der Standardnormalverteilung kennen **WS-R 3.4**

192 WS-R 3.4

Das Diagramm zeigt den Graphen der Dichtefunktion φ einer standardnormalverteilten Zufallsvariablen.
Kennzeichne die Wahrscheinlichkeit $1 - \Phi(2)$ in der gegebenen Abbildung!

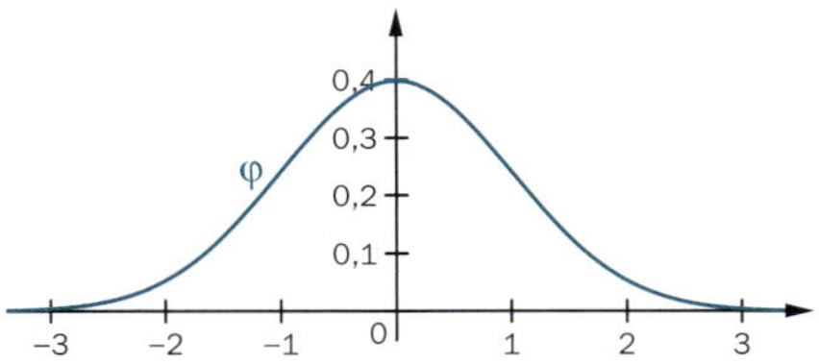

193 WS-R 3.4

Das Diagramm zeigt den Graphen der Dichtefunktion φ einer standardnormalverteilten Zufallsvariablen.
Kennzeichne die Wahrscheinlichkeit $\Phi(1) - \Phi(0)$ in der gegebenen Abbildung!

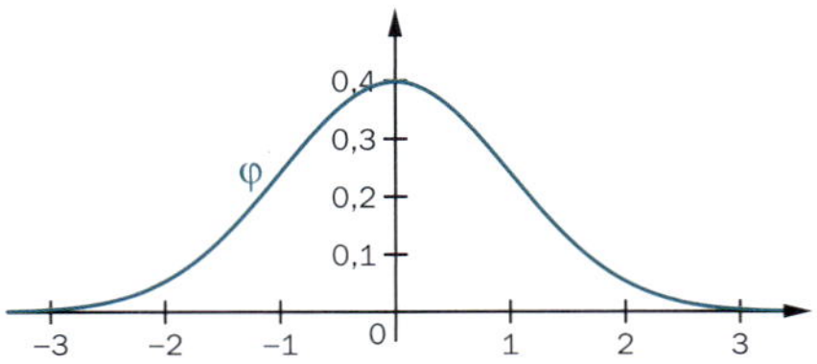

194 WS-R 3.4

Ordne jeder Fläche den passenden Term zur Berechnung mithilfe der Verteilungsfunktion Φ (aus A bis F) zu!

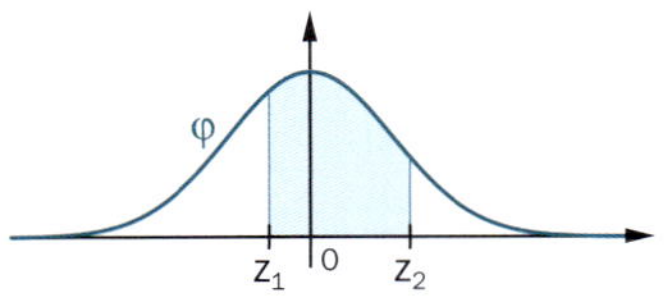	
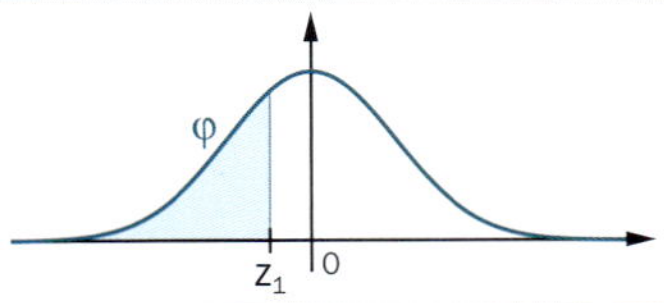	
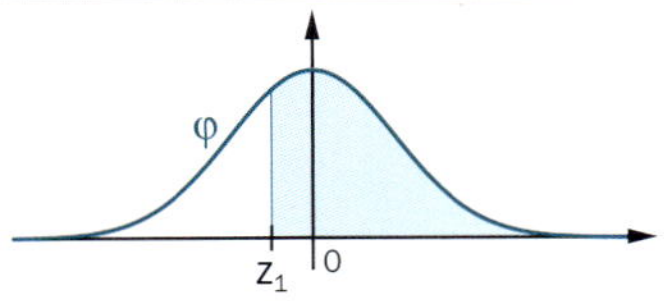	
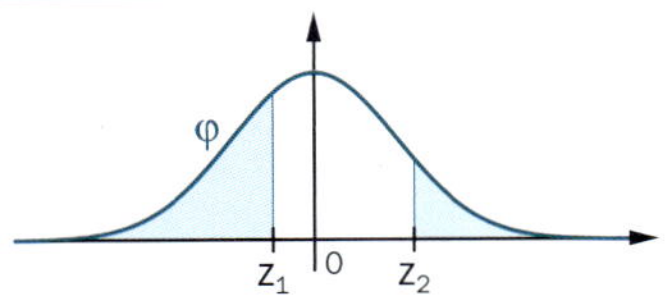	

A	$\Phi(z_1)$
B	$1 - \Phi(z_2)$
C	$1 + \Phi(z_1) - \Phi(z_2)$
D	$1 - \Phi(z_1)$
E	$\Phi(z_2) - \Phi(z_1)$
F	$\Phi(z_1) + \Phi(z_2)$

195 WS-R 3.4

Gegeben ist die Dichtefunktion φ einer standardnormalverteilten Zufallsvariablen.
Kreuze die beiden zutreffenden Aussagen an!

$\Phi(z) = 0{,}94$	☐
$\Phi(z) = 0{,}97$	☐
$1 - \Phi(-z) = 0{,}03$	☐
$\Phi(-z) = 0{,}94$	☐
$\Phi(z) - \Phi(-z) = 0{,}94$	☐

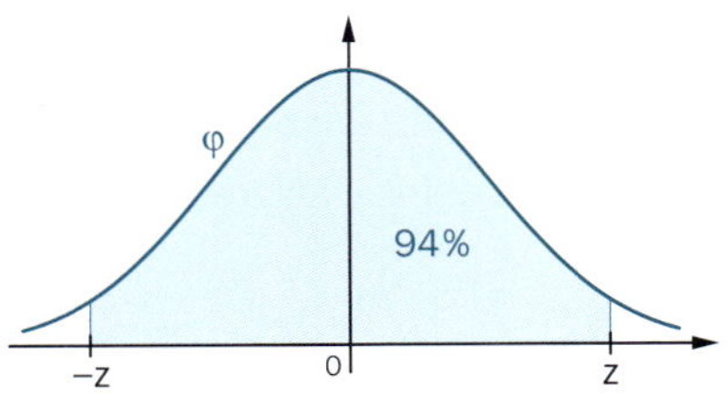

196 WS-R 3.4

Gegeben ist eine standardnormalverteilte Zufallsvariable Z.
Berechne die Wahrscheinlichkeit $P(Z < 1{,}96)$!

$P(Z < 1{,}96) \approx$ ______________ %

197 WS-R 3.4

Gegeben ist eine standardnormalverteilte Zufallsvariable Z.
Berechne die Wahrscheinlichkeit $P(-1{,}96 < Z < 1{,}96)$!

$P(-1{,}96 < Z < 1{,}96) \approx$ ______________ %

198 WS-R 3.4

Gegeben ist eine standardnormalverteilte Zufallsvariable Z.
Ermittle die Wahrscheinlichkeit $P(Z > -1{,}65)$!

$P(Z > -1{,}65) \approx$ ______________ %

199 WS-R 3.4

Gegeben ist die Verteilungsfunktion Φ der Standardnormalverteilung.
Kreuze die beiden zutreffenden Aussagen an!

$\Phi(0) = 0{,}5$	☐
$\Phi(-z) + \Phi(z) = 1$	☐
$\Phi(-z) = \Phi(z)$	☐
$\Phi(-z) < 0{,}5$	☐
$\Phi(1) = 1$	☐

200 WS-R 3.4

Von einer standardnormalverteilten Zufallsvariablen Z kennt man den Graphen der Verteilungsfunktion Φ.
Kennzeichne die Wahrscheinlichkeit $P(Z < 1)$ in der gegebenen Abbildung!

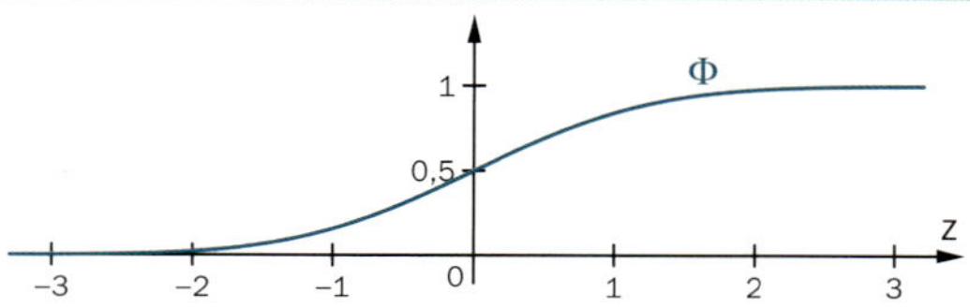

Ziel Die Transformation $Z = \frac{X-\mu}{\sigma}$ verständig einsetzen **WS-R 3.4, WS-L 3.5**

201 WS-R 3.4

Gegeben ist eine normalverteilte Zufallsvariable X mit $\mu = 20$ und $\sigma = 5$ sowie eine standardnormalverteilte Zufallsvariable Z.
Ordne den Wahrscheinlichkeiten links jeweils einen äquivalenten Ausdruck (aus A bis F) zu!

$P(X < 15)$	
$P(X < 10)$	
$P(X < 30)$	
$P(X < 25)$	

A	$P(Z < 1)$
B	$P(Z < -1)$
C	$P(Z < 2)$
D	$P(Z < -2)$
E	$P(Z < 3)$
F	$P(Z < -3)$

202 WS-R 3.4

Für eine $N(48; 2)$-verteilte Zufallsvariable X soll die Wahrscheinlichkeit $P(45 < X < 50)$ ermittelt werden. Verwendet man die Standardnormalverteilung zur Berechnung, so müssen die Intervallgrenzen angepasst werden.
Ergänze die Intervallgrenzen so, dass die Wahrscheinlichkeiten gleich sind!

$P(45 < X < 50) = P($__________ $< Z <$ __________$)$

203 WS-R 3.4

Eine Zufallsvariable X ist $N(30; 5)$-verteilt. Es soll die Wahrscheinlichkeit $P(15 < X < 25)$ ermittelt werden.

Mit welchem Ausdruck kann die gesuchte Wahrscheinlichkeit mithilfe einer standardnormalverteilten Zufallsvariablen Z ermittelt werden?

Kreuze die beiden zutreffenden Aussagen an!

$P(-3 < Z < -1)$	☐
$P(1 < Z < 3)$	☐
$P(10 < Z < 20)$	☐
$P(15 < Z < 25)$	☐
$P(-5 < Z < -2)$	☐

204 WS-R 3.4

Eine Zufallsvariable X ist normalverteilt mit den Parametern μ und σ.

Gib einen Term zur Berechnung der Wahrscheinlichkeit $P(X \leq a)$ mithilfe der Verteilungsfunktion Φ der Standardnormalverteilung an!

$P(X \leq a) =$ ____________________

3.4 Umkehraufgaben zur Normalverteilung

Ziel Intervallgrenzen berechnen **WS-L 3.5**

205 WS-L 3.5

Die Füllmenge (in g) von Kaffeekapseln ist $N(6; 0{,}5)$-verteilt.

Berechne jene Füllmenge, die erwartungsgemäß von 95 % der Kaffeekapseln nicht unterschritten wird.

206 WS-L 3.5

Die erreichte Punktezahl bei einem Aufnahmetest ist annähernd normalverteilt mit dem Erwartungswert $\mu = 100$ und der Standardabweichung $\sigma = 15$.

Kreuze die beiden zutreffenden Aussagen an!

Wenn knapp zwei Drittel aller Personen den Test bestehen, so lag die geforderte Mindestpunkteanzahl bei 94 Punkten.	☐
Etwa 75 % aller Teilnehmerinnen und Teilnehmer erreichen mindestens 110 Punkte.	☐
Knapp jede bzw. jeder Zehnte erreicht maximal 80 Punkte.	☐
Um zu den besten 10 % zu gehören, benötigt man zumindest 115 Punkte.	☐
Wenn nur ein Fünftel der Teilnehmerinnen und Teilnehmer den Test besteht, so liegt die Mindestpunkteanzahl bei 125 Punkten.	☐

207 WS-L 3.5

Die Auswertung eines Aufnahmetests ergibt, dass die erreichte Punktezahl annähernd normalverteilt ist mit einem Erwartungswert $\mu = 90$ und der Standardabweichung $\sigma = 13$.

Berechne, welche Punktezahl man erreichen muss, um zu den besten 5 % zu gehören!

208 WS-L 3.5

Eine Gattung von Hühnern legt Eier, deren Masse annähernd normalverteilt ist mit $\mu = 68$ g und $\sigma = 5$ g.
Ermittle ein symmetrisches Intervall um μ, in dem erwartungsgemäß 80 % aller Massen liegen!

Ziel Erwartungswert und Standardabweichung berechnen **WS-L 3.5**

209 WS-L 3.5

Das rechts abgebildete EWG-Zeichen garantiert unter anderem, dass die Nettofüllmenge von 1 000 g bei höchstens zwei Prozent aller Fertigpackungen um mehr als 15 g unterschritten wird.

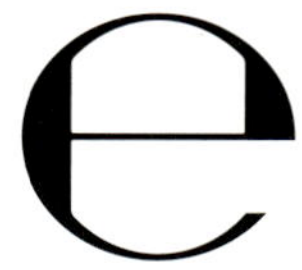

Die Füllmenge von Honig aus einer Abfüllanlage ist normalverteilt mit $\mu = 1\,000$ ml.
Berechne, welche Standardabweichung diese Abfüllanlage höchstens aufweisen darf, um die oben beschriebene Auflage für das EWG-Zeichen zu erfüllen!

210 WS-L 3.5

Die Körpergröße von 16-jährigen Mädchen ist annähernd normalverteilt mit $\mu = 167$ cm. 10 % der Mädchen in diesem Alter sind mindestens 174 cm groß. Berechne σ!

211 WS-L 3.5

Bei einem Hörtest wird die Reaktionszeit bis zum Erkennen einer bestimmten Frequenz gemessen. Die dafür notwendige Zeit ist normalverteilt, wobei die Standardabweichung drei Sekunden beträgt. 95 % aller Personen nehmen eine bestimmte Frequenz nach 21 Sekunden wahr.

Berechne die mittlere Zeitdauer bis zum Erkennen des Tones.

212 WS-L 3.5

Eine Getränkefirma füllt Fruchtsaft in Packungen zu je 1 l ab. Das Volumen (in l) des eingefüllten Fruchtsaftes ist $N(\mu; 0{,}02)$-verteilt.

Berechne, wie groß μ mindestens sein muss, wenn 5 % der Packungen einen zu geringen Inhalt aufweisen.

3.5 Normalapproximation der Binomialverteilung

Ziel Normalapproximation der Binomialverteilung anwenden **WS-R 3.4**

213 WS-R 3.4

Für die Entscheidung, ob eine Binomialverteilung mit den Parametern n und p durch eine Normalverteilung approximiert werden kann, wird eine Faustregel herangezogen. Gib diese an!

214
WS-R 3.4

Kreuze die beiden Zufallsvariablen X an, die binomialverteilt sind und durch eine Normalverteilung approximiert werden dürfen!

Knapp 40 % der Österreicherinnen und Österreicher haben Blutgruppe 0. (X = Anzahl der Personen mit Blutgruppe 0 bei einer Blutspendeaktion mit 90 Spenderinnen und Spender)	☐
Bei einem Test gibt es 20 Fragen mit je 5 Antwortalternativen, wobei jeweils nur eine Antwort richtig ist. (X = Anzahl der richtig beantworteten Fragen)	☐
Etwa 40 % aller Ehen in Österreich werden geschieden. Auf einem Standesamt wurden im letzten Jahr 54 Eheschließungen vorgenommen. (X = Anzahl der Ehen, die halten)	☐
Bei der maschinellen Produktion von Kunststoffteilen sind 2 % Ausschuss zu erwarten. (X = Anzahl der schadhaften Teile in einer Charge mit 300 Stück)	☐
Etwa 25 % aller Österreicherinnen und Österreicher rauchen. (X = Anzahl der Raucherinnen und Raucher in einem Unternehmen mit 40 Beschäftigten)	☐

215
WS-R 3.4

Auf einem Schulball werden im Rahmen einer Tombola Lose an Schülerinnen und Schüler, deren Eltern sowie an alle weiteren Ballgäste verkauft. Die Zufallsvariable X beschreibt die Anzahl jener Schülerinnen und Schüler, deren Los gewinnt. X kann durch eine Normalverteilung mit der Dichtefunktion f approximiert werden.

Interpretiere den im Diagramm visualisierten Wert 0,79 im Kontext.

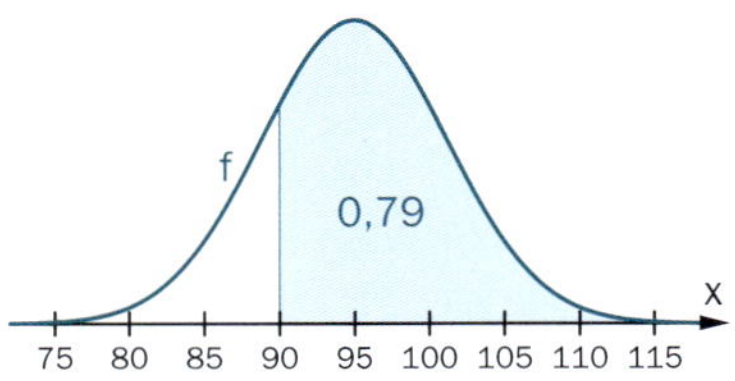

216
WS-R 3.4

Eine binomialverteilte Zufallsvariable X mit $p = 0{,}16$ kann durch eine Normalverteilung approximiert werden.
Die Dichtefunktion f der zugehörigen Normalverteilung ist in der gegebenen Abbildung dargestellt.

Berechne den Stichprobenumfang n.

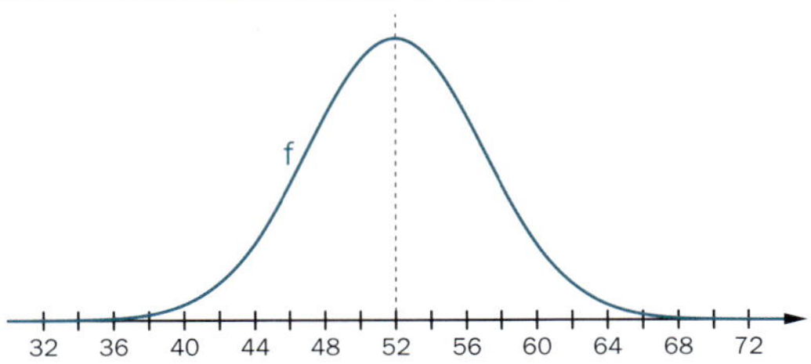

n = ______________

217
WS-R 3.4

In einem Labor wird das Blut von $n = 550$ schwangeren Frauen untersucht. Die Zufallsvariable X, welche die Anzahl der Frauen mit Toxoplasmoseantikörpern angibt, ist binomialverteilt mit den Parametern n und p. Sie kann durch die gegebene Normalverteilung approximiert werden.

Ermittle die Wahrscheinlichkeit, dass das Blut einer schwangeren Frau keine Toxoplasmoseantikörper enthält!

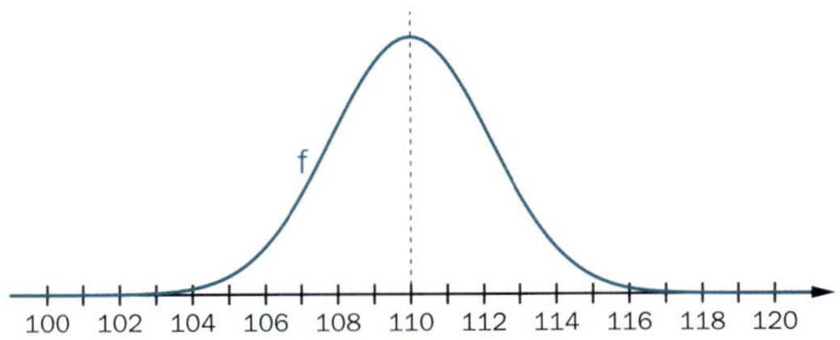

Wahrscheinlichkeit, dass das Blut einer schwangeren Frau keine Toxoplasmoseantikörper enthält: ______________ %

218
WS-R 3.4

Für eine binomialverteilte Zufallvariable mit $\mu = 300$ und $\sigma = 20$ sollen verschiedene Wahrscheinlichkeiten durch Normalapproximation berechnet werden. Dazu wird eine $N(300; 20)$-verteilte Zufallsvariable X verwendet.

Kreuze die beiden zutreffenden Aussagen an!

$P(280 < X < 320) = 1$	☐
$P(X = 300) = 0{,}5$	☐
$P(260 < X < 340) \approx 0{,}95$	☐
$P(X \leq 20) = 0{,}5$	☐
$P(X > 0) > 0$	☐

219 WS-R 3.4

Ein Single-Choice-Test besteht aus 100 Fragen mit je 5 möglichen Antworten. Dabei ist jeweils genau eine Antwortmöglichkeit richtig. Um die Prüfung zu bestehen, müssen mindestens 40 Fragen richtig beantwortet werden.

Argumentiere durch Abschätzen mittels Erwartungswert und Standardabweichung einer approximierenden Normalverteilung, dass es fast unmöglich ist, die Prüfung durch zufälliges Ankreuzen zu bestehen.

220 WS-R 3.4

Ein „Einarmiger Bandit“ hat drei Walzen. Jede Walze weist jeweils 8 verschiedene Symbole auf. Zeigen alle drei Walzen das Symbol „Bank“, wird der Hauptpreis ausgezahlt.

Berechne, mit welcher Wahrscheinlichkeit der Automat bei 1 000 000 Spieldurchgängen mindestens 2 000-mal den Hauptpreis ausgibt.

stock.adobe.com/Stock Creative

3.6 Konfindenzintervalle

Ziel Konfindenzintervalle interpretieren **WS-R 4.1**

221 WS-R 4.1

Bei einer Umfrage in einer Kleinstadt werden 2 000 Haushalte befragt, ob sie bereit wären, auf ein Elektroauto umzusteigen. Als Ergebnis der Befragung wird das 90%ige Konfidenzintervall [0,31; 0,39] für den Anteil der Befürworterinnen und Befürworter eines Umstiegs auf Elektroautos angegeben.

Welche der nachstehenden Aussagen können aufgrund dieses Ergebnisses getätigt werden?

Kreuze die beiden zutreffenden Aussagen an!

Der Anteil jener Haushalte, die sich in der Stadt für einen Umstieg auf ein Elektroauto aussprechen, liegt zwischen 31 % und 39 %.	☐
Das Konfidenzintervall ist abhängig von der Stichprobe. Hätte man andere Haushalte befragt, wäre auch das Konfidenzintervall ein anderes gewesen.	☐
Im Rahmen der Befragung haben sich etwa 700 Haushalte für den Umstieg ausgesprochen.	☐
Etwa ein Drittel aller Haushalte ist bereit, auf Elektroautos umzusteigen.	☐
90 % aller befragten Haushalte schätzen den Anteil der Befürworterinnen und Befürworter eines Umsteigs auf Elektroautos auf 31–39 %.	☐

222 WS-R 4.1

Ein Meinungsforschungsinstitut befragt 400 Personen nach ihren Essgewohnheiten und errechnet daraus das 90%ige Konfidenzintervall [0,205; 0,275] für den Anteil der Vegetarierinnen und Vegetarier in der österreichischen Bevölkerung.

Kreuze die beiden zutreffenden Aussagen an!

Etwa ein Viertel der befragten Personen hat angegeben, vegetarisch zu leben.	☐
Jeder vierte Mensch in Österreich lebt vegetarisch.	☐
Mit einer 90%igen Wahrscheinlichkeit liegt der Anteil der Vegetarierinnen und Vegetarier in Österreich zwischen 20,5 % und 27,5 %.	☐
Das Konfidenzintervall ermöglicht eindeutige Aussagen über die befragte Stichprobe, nicht aber über die Grundgesamtheit.	☐
Auf Basis des gegebenen Konfidenzintervalls kann der Anteil der Vegetarierinnen und Vegetarier in Österreich eindeutig ermittelt werden.	☐

223 WS-R 4.1

Ein Produkttest soll darüber entscheiden, ob eine neue Joghurtsorte am Markt eingeführt wird. Dabei werden 500 Personen gefragt, ob ihnen das Joghurt schmeckt und ob sie das Produkt im Supermarkt kaufen würden. Das Unternehmen ermittelt so für ihren Käuferanteil ein 95%iges Konfidenzintervall $I = [0,621; 0,654]$.

Interpretiere das Konfidenzintervall!

224 WS-R 4.1

Im Rahmen einer medizinischen Studie wird unter anderem auch die Körpergröße von 100 Frauen erhoben. Auf Basis der erhobenen Daten wird ein 95%iges-Konfidenzintervall für den unbekannten relativen Anteil jener Frauen dieses Landes errechnet, die eine Körpergröße von 160 cm bis 178 cm aufweisen: $I = [0,892; 0,918]$

Erläutere, ob folgende Interpretation des Konfidenzintervalls richtig ist:
95 % der Frauen dieses Landes haben eine Körpergröße von 160 cm bis 178 cm.

225 WS-R 4.1

Im Rahmen der statistischen Prozesskontrolle eines Unternehmens wird 500-mal eine bestimmte Anzahl von Produkten ausgewählt und in Hinblick auf ihre Funktionstüchtigkeit geprüft. Um den Anteil p der einwandfreien Produkte beziffern zu können, wird für jede Stichprobe ein 95%iges Konfidenzintervall errechnet.

Gib an, von wie vielen Intervallen erwartet werden kann, dass sie p enthalten!

Erwartungsgemäß enthalten ________ der 500 Intervalle den unbekannten Anteil p.

Ziel Konfindenzintervalle berechnen WS-R 4.1

226 WS-R 4.1

Vor der Errichtung einer neuen Begegnungszone in der Wiener Innenstadt werden zufällig ausgewählte Wienerinnen und Wiener nach ihrer Meinung zu diesem Projekt befragt. Im Rahmen dieser Erhebung sprechen sich 354 von 500 Befragten für die neu geplante Begegnungszone aus.

Gib ein 95%iges Konfidenzintervall für den relativen Anteil der Wienerinnen und Wiener an, die sich für die Errichtung dieser Begegnungszone aussprechen.

stock.adobe.com/Gina Sanders

227 WS-R 4.1

Die österreichische Schülervertretung befragt 500 Schülerinnen und Schüler. 380 davon gaben an, zu viel Hausübung zu bekommen.

Berechne ein 95%iges Konfidenzintervall für den Anteil jener Schülerinnen und Schüler, die die Menge an Hausübung als zu hoch einschätzen!

Ziel Zusammenhang zwischen Stichprobenumfang, Sicherheit um Breite verstehen **WS-R 4.1**

228
WS-R 4.1

Vor einer bundesweiten Wahl wird durch Befragung von 500 Personen ein 95%iges Konfidenzintervall $I = [0{,}231;\ 0{,}267]$ für den Wähleranteil der Partei A ermittelt.

Kreuze die beiden zutreffenden Aussagen an!

Hätte man doppelt so viele Personen befragt, wäre das 95%ige Konfidenzintervall schmäler geworden.	☐
Das Konfidenzintervall wäre schmäler, wenn der Wähleranteil der Partei A kleiner wäre.	☐
Das entsprechende 99%ige Konfidenzintervall wäre breiter als das vorliegende.	☐
Die Wahrscheinlichkeit, dass die Partei weniger als 23 % der Stimmen erhält, beträgt 2,5 %.	☐
Bei weiteren Befragungen von 500 Personen werden jeweils 125 angeben die Partei A zu wählen.	☐

229
WS-R 4.1

Bei einer Umfrage wurden 800 Personen befragt, ob sie in diesem Jahr einen Winterurlaub planen. Als Ergebnis erhielt man das 95%ige Konfidenzintervall [0,41; 0,47].

Kreuze die beiden zutreffenden Aussagen an!

In der Stichprobe geben ca. 352 Personen an, auf Winterurlaub zu fahren.	☐
Der Anteil der Personen, die einen Urlaub planen, liegt jedenfalls zwischen 41 % und 47 %.	☐
Hätte man 2 000 Personen befragt, so wäre das 95%ige Konfidenzintervall schmäler.	☐
Hätte man ein 90%iges Konfidenzintervall erstellt, so wäre das Intervall breiter.	☐
Man kann davon ausgehen, dass weniger als 50 % der Menschen auf Winterurlaub fahren.	☐

230
WS-R 4.1

Aufgrund einer umfangreichen Befragung veröffentlicht ein Meinungsforschungsinstitut vor einer Landtagswahl das 95%ige Konfidenzintervall [0,19; 0,24] für den relativen Wähleranteil der Partei X.

Kreuze die beiden zutreffenden Aussagen an!

Der unbekannte relative Wähleranteil der Partei X liegt mit Sicherheit im Intervall [0,19; 0,24].	☐
Gibt man sich mit einem breiteren 95%igen Konfidenzintervall zufrieden, so hätte man weniger Personen befragen müssen.	☐
Ein 99%iges Konfidenzintervall für den relativen Wähleranteil der Partei X wäre schmäler als das 95%ige Konfidenzintervall gewesen.	☐
Hätte man die gleiche relative Häufigkeit der Wähler der Partei X in einer größeren Stichprobe erhalten, hätte sich ein breiteres 95%iges Konfidenzintervall ergeben.	☐
Hätte man das gleiche Konfidenzintervall in einer größeren Stichprobe erhalten, wäre das Konfidenzniveau über 95 %.	☐

231
WS-R 4.1

Um den Anteil der Schülerinnen und Schüler mit nichtdeutscher Muttersprache in Österreichs Gymnasien abzuschätzen, werden die Daten der unterschiedlicher Schulen ausgewertet:

Schule	Anzahl der Schülerinnen und Schüler	90%iges Konfidenzintervall
Schule A	n_A	[0,115; 0,145]
Schule B	n_B	[0,094; 0,166]
Schule C	n_C	[0,11; 0,15]

Ordne die Werte n_A, n_B und n_C der Größe nach!

__________ < __________ < __________

232
WS-R 4.1

In einer Stichprobe vom Umfang n gaben p% der Personen an, dass sie bei der nächsten Nationalratswahl Partei A wählen würden. Auf Basis dieses Ergebnisses wurden die drei Konfidenzintervalle [0,19; 0,21], [0,18; 0,22] und [0,17; 0,23] berechnet.

Gib an, welches dieser Konfidenzintervalle die größte Sicherheit aufweist!

233
WS-R 4.1

Gegeben sind drei Konfidenzintervalle A, B und C. Für alle drei Intervalle ist der relative Anteil p_0 gleich.

Intervall	Stichprobenumfang n	Konfidenzniveau γ
A	500	90%
B	1000	90%
C	500	95%

Ordne die Konfidenzintervalle im Bezug auf ihre Intervallbreite. Beginne bei dem Konfidenzintervall, das die größte Intervallbreite hat!

234
WS-R 4.1

stock.adobe.com/Sergey Ryzhov

Bei der maschinellen Produktion von Kunststoffteilen aus Kunststoffgranulat werden aus einer bestimmten Charge zufällig n Stück entnommen. Daraus wird das Konfidenzintervall [0,02; 0,07] für den Anteil der fehlerhaften Teile errechnet. Das zugehörige Konfidenzniveau beträgt γ.

Bei einer zweiten Testung werden n^* Stück entnommen, das entsprechende Konfidenzintervall mit Sicherheit γ^* ist [0,03; 0,06].

Ergänze die Textlücken im folgenden Satz durch Ankreuzen der jeweils richtigen Satzteile so, dass eine mathematisch korrekte Aussage entsteht!

Unter der Annahme, dass beide Stichproben gleich groß sind, gilt ______ ① ______; wenn das Konfidenzniveau in beiden Fällen gleich hoch war, so kann auf Basis der obigen Angaben ______ ② ______ gefolgert werden.

①	
$\gamma < \gamma^*$	☐
$\gamma = \gamma^*$	☐
$\gamma > \gamma^*$	☐

②	
$n < n^*$	☐
$n = n^*$	☐
$n > n^*$	☐

Ziel Umkehraufgaben lösen **WS-R 4.1**

235
WS-R 4.1

Eine Umfrage ergibt, dass 52% ± 1% einen Pkw besitzen. Diese Aussage erfolgt mit einem Konfidenzniveau von 94%.

Gib an, wie viele Personen bei dieser Umfrage befragt wurden!

236
WS-R 4.1

Eine Untersuchung von 700 Jugendlichen ergibt, dass der Anteil der Übergewichtigen in Österreich 21% ± 2,5% beträgt.

Berechne die Sicherheit des Konfidenzintervalls!

3.7 Statistische Testverfahren

Ziel Grundbegriffe von statistischen Hypothesentests verstehen **WS-L 4.2**

237 WS-L 4.2 Eine Maschine stellt Metallschrauben her. Nach einem Wechsel des verwendeten Materials vermutet die Produktionsleiterin, dass sich der Ausschussanteil p reduziert hat.
Um einen Anhaltspunkt dafür zu gewinnen, ob die Vermutung gerechtfertigt ist, soll die Nullhypothese H_0: $p = 4\,\%$ auf Grundlage einer Stichprobe von 500 Teilen getestet werden. Liegt die Zahl der fehlerhaften Schrauben um mehr als eine Standardabweichung unter dem Erwartungswert, so wird H_0 verworfen.

Gib im Rahmen des kritischen Bereiches K jene Werte an, bei denen angenommen wird, dass die Gegenhypothese H_1: $p < 4\,\%$ stimmt!

$K = \{$ ______________________ $\}$

Ziel Die Irrtumswahrscheinlichkeit 1. Art kennen und mit Binomialverteilung berechnen **WS-L 4.2**

238 WS-L 4.2 Die Automarke „Speedy" besitzt einen Marktanteil von 12 %. Nach einer Werbekampagne ergibt eine Umfrage, dass von 1 020 Autobesitzerinnen und -besitzern 130 einen „Speedy" fahren. Daraus schließt das Unternehmen, dass die Werbekampagne erfogreich war und der Marktanteil gestiegen ist.

Berechne die Irrtumswahrscheinlichkeit, also die Wahrscheinlichkeit, dass dieses Umfrageergebnis zustande gekommen ist, obwohl der Marktanteil nach wie vor bei 12 % liegt.

239 WS-L 4.2 Auf einem Flughafen werden erfahrungsgemäß 4 % der Gepäckstücke beim Verladen beschädigt.
Als begleitende Kontrollmaßnahme werden 20 Koffer zufällig ausgewählt: Wenn von diesen höchstens einer beim Verladen beschädigt wurde, nimmt man an, dass beim Verladen weiterhin nur 4 % der Koffer kaputt werden. Ansonsten nimmt man an, dass dieser Anteil gestiegen ist.

Berechne die Irrtumswahrscheinlichkeit dieser Kontrollmaßnahme und interpretiere das Ergebnis!

240 WS-L 4.2 Die Gefahr einer Fehlgeburt in einer bestimmten Klinik ist 3 %. Durch einen Test soll überprüft werden, ob diese Quote gleich bleibt oder ansteigt.

Konstruiere ein geeignetes, einseitiges Testverfahren mit einem Signifikanzniveau von 5 % für eine Stichprobe von 900 Neugeborenen.

4. Dynamische Systeme

4.1 Lineares Wachstumsmodell

Ziel Differenzen- und Differentialgleichung des linearen Wachstums kennen **AN-R 1.4, AN-L 1.5**

241 AN-R 1.4

Für eine Bestandsgröße y gilt: $y_0 = 10$ und $y_{n+1} - y_n = 7$ $(n \in \mathbb{N})$
Begründe, dass die Bestandsgröße y linear wächst!

242 AN-R 1.4

Der Umsatz U einer Firma kann folgendermaßen beschrieben werden: $U_1 = 15$ und $U_{n+1} = U_n + 1{,}75$ $(n \in \mathbb{N}^*)$
Dabei ist U_1 der Umsatz im ersten Jahr, U_2 der Umsatz im zweiten Jahr des Bestehens dieser Firma, jeweils in Millionen Euro.

Bestimme den Umsatz dieser Firma im 12. Jahr ihres Bestehens.

243 AN-R 1.4

Ein Arzneimittel enthält 50 mg Phenazon. Bei der Einnahme der Tablette gelangt dieser Wirkstoff über den Verdauungstrakt in den Blutkreislauf und wird dann abgebaut.
Die nachstehende Tabelle gibt Auskunft über den Abbau des Wirkstoffes Phenazon in den ersten vier Stunden. Dabei beschreibt x_n jene Menge des Wirkstoffes (in mg), die nach n Stunden noch im Körper vorhanden ist.

n in Stunden	x_n in mg
0	50
1	43,8
2	37,6
3	31,4
4	25,2

Ergänze jenen Term, mit dem x_{n+1} ausgehend von x_n berechnet werden kann!

x_{n+1} = ____________________

244 AN-R 1.4

Die Parkgebühr P in einem Parkhaus in der Innenstadt beträgt 3,60 € pro angefangener Stunde.
Beschreibe die Entwicklung der insgesamt fälligen Parkgebühr nach n Stunden durch ein diskretes lineares Modell mit stündlichen Zeitschritten.

245 AN-R 1.4

Nicole bestellt in diesem Jahr ihre Weihnachtskarten online.
Zwischen dem Preis P_n für n Weihnachtskarten und dem Preis P_{n+1} für $n + 1$ Weihnachtskarten besteht folgender Zusammenhang: $P_{n+1} = P_n + 1{,}2$
Weiters gilt: $P_0 = 4{,}2$
Interpretiere die Werte 1,2 und 4,2 im Kontext.

246 AN-R 1.4

Die Entwicklung des Kapitals in einem Sparschwein kann durch folgendes lineares Wachstumsmodell beschrieben werden: $y_{n+1} - y_n = 15$ mit $y_0 = 10$. Dabei gibt y_n das Kapital in Euro im Sparschwein nach n Monaten an.
Interpretiere die Zahlen 15 und 10 im gegebenen Kontext.

247
AN-R 1.4

Gegeben sind unterschiedliche Differenzengleichungen.
Kreuze die beiden Differenzengleichungen an, die eine diskrete lineare Abnahme beschreiben.

$y_{n+1} = y_n \cdot 0{,}05$	☐
$y_{n+1} = y_n - 0{,}5$	☐
$y_{n+1} - y_n = 0{,}05$	☐
$y_{n+1} = y_n + 0{,}5$	☐
$y_{n+1} - y_n = -0{,}05$	☐

248
AN-R 1.4

Ein Malermeister verrechnet bei Fassadenarbeiten einen Stundensatz von 60 €. Für die Baustelleneinrichtung werden einmalig 250 € in Rechnung gestellt.
Gib eine Differenzengleichung an, mit deren Hilfe man bei Kenntnis des Rechnungsstandes nach einer bestimmten Anzahl an Arbeitsstunden den Rechnungsstand nach einer weiteren Arbeitsstunde berechnen kann.

249
AN-L 1.5

Die Höhe h (in m) eines Baumes ist abhängig von der Zeit t (in Jahren).
Für einen schnellwüchsigen Baum gilt: $h'(t) = 1{,}2$
Interpretiere die Gleichung $h'(t) = 1{,}2$ im Kontext.

250
AN-L 1.5

Jedes Jahr werden tropische Wälder für die Produktion von Soja oder Palmöl zur Viehhaltung für den globalen Fleischkonsum und zur Gewinnung von Bodenschätzen vernichtet. Betrachtet man die Entwicklung des Holzbestandes N (in Mio. ha) in Abhängigkeit von der Zeit t (in Jahren), so wird durch die Zuordnung $t \mapsto N(t)$ eine Funktion festgelegt. Es gelte: $N'(t) \approx -15$
Kreuze die beiden zutreffenden Aussagen an!

Der Holzbestand nimmt linear ab.	☐
Die Differentialgleichung beschreibt eine lineare Zunahme.	☐
Jedes Jahr werden etwa 15 Mio. ha tropische Waldfläche vernichtet.	☐
Auf Basis der Informationen aus der Angabe kann die spezielle Lösung der Differentialgleichung ermittelt werden.	☐
Jährlich werden etwa 15 % der tropischen Waldfläche vernichtet.	☐

251
AN-L 1.5

Für die Höhe h (in m) des Wasserstandes in einem Becken nach t Stunden wird durch die Zuordnung $t \mapsto h(t)$ eine Funktion festgelegt. Es gilt: $h'(t) = -0{,}3$ und $h(0) = 3$
Kreuze die beiden zutreffenden Aussagen an!

Der Wasserstand im Becken sinkt linear.	☐
Nach 3 Stunden ist das Wasser vollständig ausgeflossen.	☐
Pro 0,3 Stunden reduziert sich der Wasserstand um jeweils 1 m.	☐
Der Wasserstand liegt am Ende des Beobachtungszeitraumes um 0,3 m tiefer als zu Beginn.	☐
Pro Stunde sinkt der Wasserstand um 0,3 m ab.	☐

252
AN-L 1.5

In der Tabelle sind für eine Bewegung mit konstanter Geschwindigkeit einige Werte für die Zeit t (in h) und den zurückgelegten Weg s (in km) angegeben.

t (in h)	0	1	2	4	6	10	14
s (in km)	3	4,75	6,5	10	13,5	20,5	27,5

Kreuze jene beiden Gleichungen an, die auf diese Bewegung zutreffen:

$v(t) = 3$	☐
$s(t) = 1{,}75 \cdot t$	☐
$s'(t) = 1{,}75$	☐
$s(t) = 3 \cdot t + 1{,}75$	☐
$s(t) = 1{,}75 \cdot t + 3$	☐

253 AN-L 1.5

Ein Motorradfahrer hat t Sekunden nach dem Start eine Geschwindigkeit von v. Die Geschwindigkeit wird in m/s angegeben.
Für seine Bewegung gilt die Differentialgleichung $\frac{dv}{dt} = 6$.
Interpretiere den Wert 6 im Kontext unter Verwendung der korrekten Einheit.

254 AN-L 1.5

Die Bevölkerung einer österreichischen Kleinstadt hat in den letzten Jahren stets zugenommen: Während im Jahr 2010 etwa 8730 Personen ihren Wohnsitz in der Kleinstadt hatten, waren es 2020 bereits rund 9250.
Zur Beschreibung der Bevölkerungsentwicklung können lineare oder exponentielle Modelle herangezogen werden.
Gib an, für welches der beiden Modelle zu jedem Zeitpunkt t gilt: $\frac{dB}{dt} = 52$. Begründe deine Antwort!

255 AN-L 1.5

Ordne jeder Differentialgleichung eine richtige Lösung (aus A bis F) zu:

$N'(t) = 0{,}25$	
$N'(t) = 4$	
$N'(t) = \frac{1}{2}$	
$N'(t) = 2$	

A	$N(t) = e^{4t}$
B	$N(t) = 4 \cdot e^{0{,}25t}$
C	$N(t) = \frac{t}{4} + 0{,}5$
D	$N(t) = 4t + 2$
E	$N(t) = 0{,}5t + 4$
F	$N(t) = 2t + 0{,}25$

4.2 Exponentielles Wachstumsmodell

Diskretes exponentielles Wachstum

Ziel Differenzengleichung des exponentiellen Wachstums kennen **AN-R 1.4**

256 AN-R 1.4

Inflation bezeichnet den nachhaltigen Anstieg des Preisniveaus in einer Volkswirtschaft. Um diesen Preisanstieg zu messen, wird die Preisentwicklung einer möglichst repräsentativen Auswahl an Waren und Dienstleistungen über n Jahre hinweg beobachtet ($n \in \mathbb{N}$). Im *Warenkorb* sind also Produkte, die ein durchschnittlicher Haushalt in Österreich kauft. Der Gesamtwert W_n aller Güter im Warenkorb wird in Euro angegeben.
Es gilt: $W_{n+1} = W_n + W_n \cdot 0{,}02$
Interpretiere den Wert 0,02 im gegebenen Kontext!

257 AN-R 1.4

Gegeben sind unterschiedliche Differenzengleichungen.
Kreuze die beiden Differenzengleichungen an, die eine diskrete exponentielle Zunahme beschreiben.

$y_{n+1} = 1{,}05 \cdot y_n$	☐
$y_{n+1} = 0{,}5 \cdot y_n$	☐
$y_{n+1} = y_n + 150$	☐
$\frac{y_{n+1}}{y_n} = 0{,}5$	☐
$y_{n+1} = \frac{y_n}{0{,}5}$	☐

258 AN-R 1.4

Eine Größe y wächst in Abhängigkeit von n entsprechend der Differenzengleichung: $y_{n+1} - y_n = y_n \cdot 0{,}7$
Entscheide, ob diese Gleichung ein exponentielles Wachstum beschreibt und begründe deine Entscheidung.

259
AN-R 1.4

Eine Bakterienkultur wächst pro Stunde um 21%. B_n gibt die Bakterienzahl nach n Stunden an.
Kreuze die beiden zutreffenden Aussagen an!

In drei Stunden wächst die Bakterienzahl um 63%.	☐
$B_{n+1} = B_n - 0{,}21 \cdot B_n$	☐
$B_{n+1} = 1{,}21 \cdot B_n$	☐
$\Delta B_n = 1{,}21 \cdot B_n$	☐
Es dauert weniger als 4 Stunden, bis sich die Bakterienzahl verdoppelt.	☐

260
AN-R 1.4

Zur Verschönerung eines Teichs wird dieser mit schnellwüchsigen Seerosen bepflanzt. Die von den Seerosen bedeckte Fläche (in dm²) wird monatlich vermessen und notiert.

n in Monaten	A_n in dm²
0	1000
1	1100
2	1210
3	1331

Dabei beschreibt A_n die von den Seerosen bewachsene Fläche nach n Monaten.
Stelle eine Gleichung zur Bestimmung der Fläche A_{n+1} aus der Fläche A_n auf.

$A_{n+1} =$ ______________________________

261
AN-R 1.4

Der Wert einer Aktie wird jeweils am Ende eines Kalenderjahres festgehalten. Die Kalenderjahre werden mit 1 beginnend nummeriert, wobei 1 für das erste Jahr steht, in dem diese Aktie an der Börse notiert war. Die Tabelle zeigt eine exponentielle Zunahme der Werte dieser Aktie.

n	W_n in Euro
1	8000
2	10000
3	12500
4	15625

Beschreibe die Zunahme der Werte W_n durch eine geeignete Differenzengleichung!

$W_{n+1} - W_n =$ ______________________________

262
AN-R 1.4

Eine Grippewelle breitet sich schnell aus. Die Differenzengleichung $I_{n+1} - I_n = I_n \cdot 0{,}03$ beschreibt modellhaft die Anzahl I an infizierten Personen n Tage nach Beginn der Ausbreitung der Grippe.
Kreuze die beiden zutreffenden Aussagen an!

Die Anzahl an infizierten Personen kann auch durch die Gleichung $\frac{I_{n+1}}{I_n} = 0{,}03$ beschrieben werden.	☐
Jeden Tag infizieren sich drei Personen mit dem Virus.	☐
Die Anzahl der infizierten Personen steigt täglich um 3%.	☐
Die Anzahl der infizierten Personen kann auch durch die explizite Darstellung $I_n = I_0 \cdot 1{,}03^n$ beschrieben werden.	☐
Die Anzahl der Infizierten Personen steigt innerhalb von zwei Tagen um 6%.	☐

263
AN-R 1.4

Die Anzahl N der Bakterien in einer Nährlösung in Abhängigkeit von der Zeit t (in Stunden) ist durch die Differenzengleichung $N_{t+1} = 1{,}3 \cdot N_t$ mit $N_0 = 1000$ festgelegt.
Kreuze die beiden zutreffenden Aussagen an!

Die Bakterienzahl wächst pro Stunde um 130%.	☐
Die Bakterienzahl wächst pro Stunde um 300.	☐
Die Bakterienzahl wächst pro Stunde um 30%.	☐
Die Bakterienzahl nach zwei Stunden beträgt 1600.	☐
Die Bakterienzahl nach drei Stunden beträgt 2197.	☐

264 AN-R 1.4

Eine Bakterienkultur besteht anfangs aus 500 Bakterien und verdreifacht täglich ihre Anzahl.

Gib an, nach wie vielen Tagen die Anzahl der Bakterien die Ein-Milliardenmarke übersteigt. Begründe deine Antwort mit einer Rechnung!

265 AN-R 1.4

Eine Ameisenkolonie besteht anfangs aus 100 Ameisen und verdoppelt alle 8 Stunden ihre Anzahl.

Gib an, nach wie vielen Stunden die Anzahl der Ameisen die Ein-Millionenmarke übersteigt. Begründe deine Antwort mit einer Rechnung!

Kontinuierliches exponentielles Wachstum

Ziel Die Differentialgleichung des exponentiellen Wachstums lösen können **AN-L 1.5**

266 AN-L 1.5

Ordne jeder Differentialgleichung eine richtige Lösung (aus A bis F) zu:

$N'(t) = 0{,}25 \cdot N(t)$	
$N'(t) = 4 \cdot N(t)$	
$N'(t) = 2 \cdot N(t)$	
$N'(t) = \frac{1}{2} \cdot N(t)$	

A	$N(t) = 4^t$
B	$N(t) = 4 \cdot e^{2t}$
C	$N(t) = 0{,}25 \cdot e^{t+4}$
D	$N(t) = 0{,}5 \cdot e^{0{,}5t}$
E	$N(t) = 2 \cdot e^{0{,}25t}$
F	$N(t) = e^{4t}$

267 WS-L 1.5

Wenn ein Lichtstrahl ein Glasfaserkabel durchläuft, wird seine Leistung P (in Milliwatt mW) in Abhängigkeit von der Länge der Strecke x (in km) geschwächt. Es gilt $P' = -\alpha P$, wobei $\alpha = 0{,}46$ eine konstante Zahl ist. Die Anfangsleistung des Lichtstrahls beträgt 20 mW.

Bestimme die Funktion P, welche die gegebene Differentialgleichung löst!

268 WS-L 1.5

Die Fläche A (in m^2) eines Sees, die von Algen bedeckt ist, wächst exponentiell mit einem Proportionalitätsfaktor von $\lambda = 0{,}7$.

Stelle die Differentialgleichung für die Zunahme der von Algen bedeckten Fläche A auf!

269 WS-L 1.5

Die Intensität I einer Schallwelle (in Milliwatt pro Quadratmeter mW/m^2) wird in Abhängigkeit von der Länge der durchlaufenen Strecke x (in cm) schwächer.

Die Abnahme der Intensität $\frac{dI}{dx}$ ist proportional zur Intensität $I(x)$. Die Anfangsintensität der Schallwelle ist $I_0 = 100\ mW/m^2$.

Stelle die Differentialgleichung für die Intensitätsabnahme auf und löse sie!

4.3 Beschränktes Wachstumsmodell

Diskretes beschränktes Wachstum

Ziel Differenzengleichung des beschränkten Wachstums kennen **AN-R 1.4**

270 WS-R 1.4

Eine Erbschaft im Wert von E Euro wird veranlagt. Die Veranlagung erhöht den Wert jährlich um 3,5 % und es muss eine jährliche Depotgebühr von 18 Euro bezahlt werden. Der Wert der veranlagten Erbschaft nach n Jahren soll mit E_n bezeichnet werden.

Stelle eine Differenzengleichung auf, die beschreibt, wie sich der Wert der veranlagten Erbschaft entwickelt.

271 WS-R 1.4

Frau Schnabl muss wegen Bluthochdrucks täglich ein bestimmtes Medikament einnehmen. Die tägliche Medikamentenmenge M in ihrem Körper kann durch die Differenzengleichung $M_{n+1} = 0{,}6 \cdot M_n + 4$ mit $M_0 = 0$ beschrieben werden. Die im Körper vorhandene Menge des Medikaments wird in Milligramm gemessen.

Interpretiere die Zahlenwerte 0,6 und 4 im gegebenen Kontext.

272 AN-R 1.4

Die im Körper eines Patienten vorhandene Menge m (in mg) eines Medikaments t Tage nach der Einnahme kann durch die Gleichung $m_{t+1} = m_t \cdot 0{,}63 + 100$ beschrieben werden.

Kreuze die beiden zutreffenden Aussagen an!

Der Patient nimmt jeden Tag 100 mg des Medikaments ein.	☐
Die im Körper vorhandene Medikamentenmenge steigt exponentiell an.	☐
Täglich werden 37 % der im Körper befindlichen Medikamentenmenge abgebaut.	☐
Die abgebaute Medikamentenmenge ist täglich gleich groß.	☐
Die Medikamentenmenge im Körper des Patienten erreicht nach mehreren Tagen der Einnahme Werte über 500 mg.	☐

273 AN-R 1.4

Die Bevölkerung einer Großstadt verringert sich jährlich um ca. 2,5 %. Durch Zuwanderung kommen durchschnittlich wieder 30 000 Personen im Laufe eines Jahres dazu. E_n beschreibt die Einwohnerzahl am Ende des n-ten Jahres.

Gib einen Term an, mit der man E_3 in Abhängigkeit von E_2 berechnen kann.

E_3 = ______________________

274 AN-R 1.4

Ein Patient muss täglich ein bestimmtes Medikament einnehmen. Die Konzentration des Wirkstoffes im Blut ist abhängig von der täglichen Einnahme des Medikaments und dessen Abbau im Körper. Aus medizinischen Gründen wird bei diesem Patienten zwei Wochen lang täglich diese Konzentration K (in Milligram pro Liter Blut) gemessen. Für die gemessenen Werte gilt die Differenzengleichung $K_{t+1} = 0{,}901 \cdot K_t + 0{,}03$. Dabei ist K_t die am Tag t gemessene Wirkstoffkonzentration in mg/l.

Interpretiere die Werte 0,901 und 0,03 im gegebenen Kontext.

275
AN-R 1.4

Ein Patient benötigt eine konstante Dosis von 6 mg Wirkstoff eines Medikaments. Dazu muss er täglich c mg dieses Wirkstoffes in Form einer Tablette zu sich nehmen.
Anfangs befindet sich kein Wirkstoff im Körper des Patienten: $W_0 = 0$. Die tägliche Veränderung der Wirkstoffmenge wird durch die Differenzengleichung $W_{n+1} = 0{,}75 \cdot W_n + c$ beschrieben.

Gib an, welchen Wert c haben muss, damit langfristig die Wirkstoffmenge konstant 6 mg beträgt.

c = ____________________

276
AN-R 1.4

Ein Getränk wird aus dem Kühlschrank (6 °C) genommen und in einen Raum mit einer Umgebungstemperatur von 25 °C gebracht.
Pro Minute erwärmt sich das Getränk um 30 % der Differenz von Umgebungstemperatur und Temperatur des Getränks. T_n gibt die Temperatur des Getränks in °C nach n Minuten an.

Kreuze jene beiden Differenzengleichungen an, die den Verlauf der Erwärmung des Getränks richtig beschreiben.

$T_{n+1} = 0{,}7 \cdot T_n + 7{,}5$	☐
$T_{n+1} = 6 + 0{,}3 \cdot (25 - T_n)$	☐
$T_{n+1} = 25 - 0{,}3 \cdot (6 + T_n)$	☐
$\Delta T_n = 0{,}3 \cdot (25 - T_n)$	☐
$T_{n+1} = 6 + T_n + 0{,}3 \cdot (25 - T_n)$	☐

277
AN-R 1.4

Ein See hat eine Fläche von 7 000 ha. Am Beginn des Beobachtungszeitraumes werden 120 ha von Algen bedeckt. Der See wird wöchentlich beobachtet. Dabei stellt man fest, dass sich die von Algen bedeckte Fläche jeweils um 5 % der noch frei gewesenen Fläche vergrößert.
Wir bezeichnen mit A_n den Flächeninhalt in ha, der nach n Wochen von Algen bedeckt ist.

Kreuze jene beiden Differenzengleichungen an, die die Ausbreitung der von Algen bedeckten Fläche richtig beschreiben.

$\Delta A_n = 6650 - 0{,}95 \cdot A_n$	☐
$A_{n+1} = 350 + 0{,}95 \cdot A_n$	☐
$\Delta A_n = 0{,}95 \cdot (700 - A_n)$	☐
$\Delta A_n = 120 - 0{,}05 A_n$	☐
$\Delta A_n = 0{,}05 \cdot (7000 - A_n)$	☐

278
AN-R 1.4

Gegeben sind unterschiedliche Differenzengleichungen, die ein beschränktes Wachstum einer Bestandsgröße y beschreiben.

Ordne den vier Differenzengleichungen jeweils die entsprechende Eigenschaft (aus A bis F) zu!

$y_{n+1} = 0{,}95 y_n + 2$	
$y_{n+1} = 0{,}975 y_n + 2$	
$y_n = 50 - 20 \cdot 0{,}95^n$	
$y_n = 60 + 20 \cdot 0{,}95^n$	

A	Wachstumsgrenze = 40
B	Wachstumsgrenze = 50
C	Wachstumsgrenze = 60
D	Wachstumsgrenze = 70
E	Wachstumsgrenze = 80
F	Wachstumsgrenze = 90

279
AN-R 1.4

Ein Geldbetrag hat anfangs einen Wert von B_0 Euro. Seine Entwicklung wird gemäß der Differenzengleichung $B_{n+1} = 1{,}03 \cdot B_n - 600$ beschrieben. Dabei ist B_1 der Geldbetrag nach Ablauf des ersten Jahres, B_2 der Geldbetrag nach Ablauf des zweiten Jahres, usw.

Wie groß muss der Anfangsbetrag B_0 sein, damit es zu einer Zunahme des Geldbetrages kommt? Gib deine Antwort in Form einer Ungleichung!

$B_0 >$ ____________________

Kontinuierliches beschränktes Wachstum

Ziel Die Differentialgleichung des beschränkten Wachstums lösen können

Dieser Abschnitt enthält keine Reifeprüfungs- und Lehrplan-Grundkompetenzen.

4.4 *Differentialgleichungen bei Bewegungsvorgängen*

Dieser Abschnitt enthält keine Reifeprüfungs- und Lehrplan-Grundkompetenzen.

4.5 Die lineare Differenzengleichung

Ziel Das Verhalten von Größen durch Differenzengleichung beschreiben **AN-R 1.4**

280 AN-R 1.4

Ergänze die Textlücken im folgenden Satz durch Ankreuzen der jeweils richtigen Satzteile so, dass eine mathematisch korrekte Aussage entsteht!

Eine lineare Differentialgleichung der Form $y_{n+1} = a \cdot y_n + b$ beschreibt genau dann eine diskrete exponentielle Zunahme, wenn ______ ① ______ und ______ ② ______ ist.

①	
$a > 1$	☐
$a = 1$	☐
$0 < a < 1$	☐

②	
$b > 0$	☐
$b = 0$	☐
$b < 0$	☐

281 AN-R 1.4

Gegeben ist die lineare Differenzengleichung $y_{n+1} = 0{,}9 \cdot y_n + 7$. Bestimme ihren Grenzwert!

282 AN-R 1.4

Der Umsatz U eines Unternehmens steigt über einige Jahre um 3,5% jährlich.

Stelle eine Differenzengleichung auf, die die Entwicklung der Umsätze dieses Unternehmens beschreibt! U_1 ist der Umsatz des Unternehmens im ersten Jahr des betrachteten Zeitraums, U_2 der Umsatz im zweiten Jahr, usw.

$U_{n+1} - U_n =$ ____________________

283 AN-R 1.4

In der gegebenen Tabelle sind unterschiedliche Werte einer Größe zum Zeitpunkt n angegeben, wobei $n \in \mathbb{N}$ gilt. Die zeitliche Entwicklung dieser Größe kann durch eine Differenzengleichung der Form $y_{n+1} = a \cdot y_n + b$ beschrieben werden.

n	y_n
0	−10
1	0
2	5
3	7,5

Ermittle die Werte der reellen Parameter a und b.

$a =$ ____________________ $b =$ ____________________

284 AN-R 1.4

Gegeben ist eine Tabelle mit unterschiedlichen Werten einer Größe zum Zeitpunkt n ($n \in \mathbb{N}$). Die zeitliche Entwicklung dieser Größe kann durch eine Differenzengleichung der Form $y_{n+1} = a \cdot y_n + b$ beschrieben werden ($a, b \in \mathbb{R}$).

n	y_n
0	4
1	11
2	25
3	53

Ermittle die Werte der reellen Parameter a und b!

$a =$ ____________________ $b =$ ____________________

285 AN-R 1.4

In einer Wohnung fällt im Winter zum Zeitpunkt t_0 die Heizung aus. Während im Wohnzimmer sonst 22,5 °C Raumtemperatur vorherrschen, sinkt diese nun ab dem Zeitpunkt des Heizungsausfalls um 0,7 °C pro Stunde ab. Die Raumtemperatur (in °C) zum Zeitpunkt t wird durch R_t angegeben.

Beschreibe den Temperaturverlauf im Wohnzimmer in Abhängigkeit von der Zeit durch eine Differenzengleichung.

286 AN-R 1.4

Eine Tierpopulation umfasst nach n Jahren y_n Individuen. Die Entwicklung der Tierpopulation kann näherungsweise durch die lineare Differenzengleichung $y_{n+1} = 0{,}94y_n - 10$ mit $y_0 = 275$ beschrieben werden.

Kreuze die beiden zutreffenden Aussagen an!

Die Population nimmt immer weiter zu.	☐
Nach einem Jahr umfasst die Population knapp 250 Individuen.	☐
Die Population verringert sich jährlich um 6 %.	☐
Die Population verringert sich jedes Jahr um denselben Prozentsatz.	☐
Die Tierpopulation stirbt aus.	☐

287 AN-R 1.4

Gegeben ist eine lineare Differenzengleichung $y_{n+1} = a \cdot y_n + b$.

Für welche Parameterwerte wird dadurch ein lineares Wachstum beschrieben?
Kreuze die zutreffende Bedingung an!

$a > 1,\ b = 0$	☐
$a > 1,\ b > 0$	☐
$a = 1,\ b > 0$	☐
$0 < a < 1,\ b = 0$	☐
$a = 0,\ b > 0$	☐
$a = 1,\ b = 0$	☐

288 AN-R 1.4

Gegeben ist eine lineare Differenzengleichung $y_{n+1} = a \cdot y_n + b$ mit Startwert $y_0 = 100$.

Für welche Parameterwerte ist die Folge der Zahlenwerte nicht konvergent?
Kreuze die beiden zutreffenden Bedingungen an!

$a = 0{,}8$ und $b = 20$	☐
$a = 0{,}6$ und $b = 50$	☐
$a = 1{,}2$ und $b = 0$	☐
$a = -1$ und $b = 50$	☐
$a = 0{,}75$ und $b = 25$	☐

289 AN-R 1.4

Gegeben ist eine lineare Differenzengleichung $y_{n+1} = a \cdot y_n + b$ mit Startwert $y_0 = 100$.

Für welche Parameterwerte gehen die Zahlenwerte gegen null?
Kreuze die beiden zutreffenden Bedingungen an!

$a = 0{,}1$ und $b = 10$	☐
$a = 0{,}8$ und $b = 40$	☐
$a = 1$ und $b = 0$	☐
$a = 0{,}8$ und $b = 0$	☐
$a = -0{,}1$ und $b = 0$	☐

Lösungen

Kapitel 1

1 $O = f(1) + f(2) + f(3) + f(4)$

2 A F E B

3

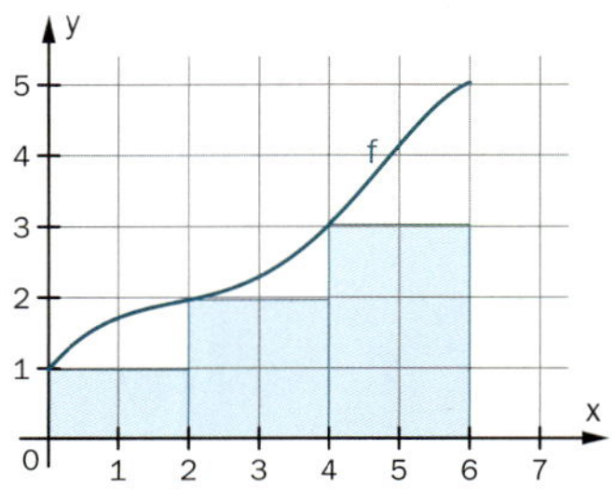

$U_3 = 12\ E^2$

4 $(f(-3) + f(1) + f(5)) \cdot 4 = (6 + 5 + 3) \cdot 4 = 56\ E^2$

5 $A \approx 38\ E^2$

6 Der Graph ist punktsymmetrisch zu (0|4).
Deshalb ist die Obersumme O um genau jene Flächeninhaltsstücke zu groß, um welche die Untersumme U zu klein ist. Der Mittelwert von U und O ergibt damit genau den Flächeninhalt A.

7

			x	x

8

x				x

9

	x		x	

10

			x	x

11

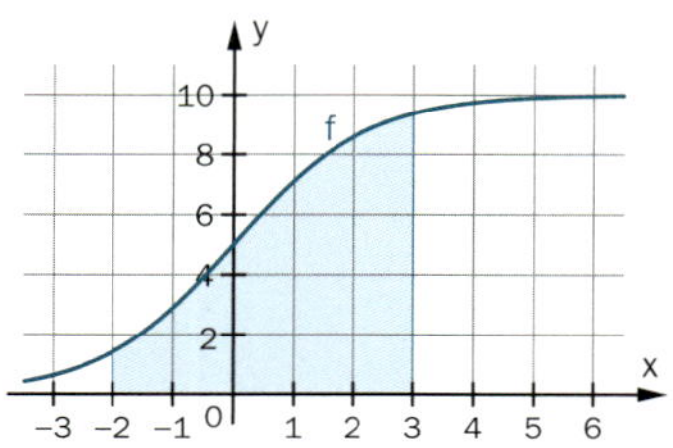

12 $\int_2^4 f(x)\,dx > \int_{-2}^0 f(x)\,dx$, da der Flächeninhalt unter dem Graphen von f im Intervall [2; 4] größer ist als im Intervall [−2; 0].

13

	x	x		

14 D C B A

15 $\int_{-1}^3 f(x)\,dx = 11{,}25$

16 $\int_{-1}^5 f(x)\,dx = 2\pi + 4$

17

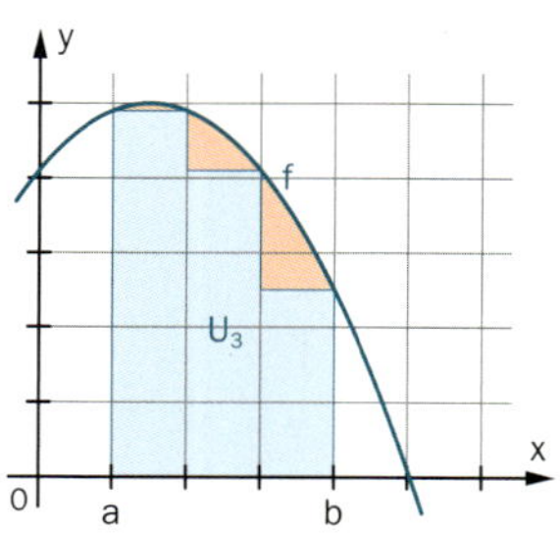

18 $b = 11$

19

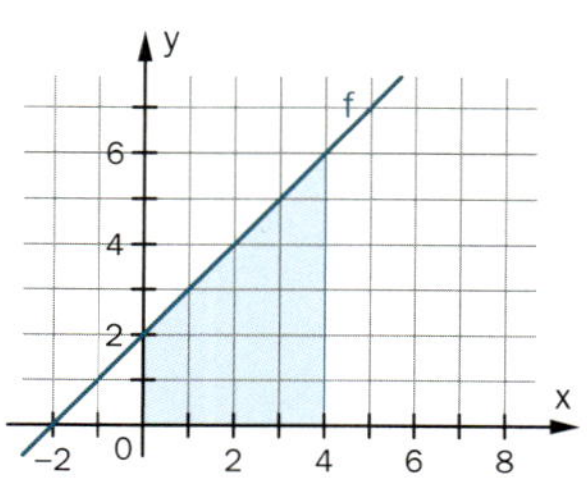

20 $a = 8$

21 $b = 2$

22

x	x			

23

		x		x

24

				x

25 $\int_2^3 f(x)\,dx < \int_{-1}^1 f(x)\,dx < \int_1^{2,5} f(x)\,dx < \int_0^2 f(x)\,dx$

26

x			x	

27

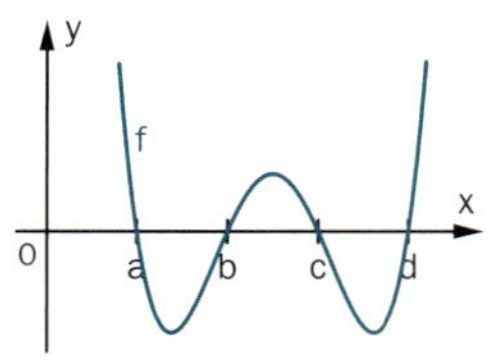

28 $\int_1^4 f(x)\,dx = -\frac{9}{4}$

29 $\int_a^b f(x)\,dx = A_1 - A_2$

30 Die Fläche A_2 ist um $\frac{2}{3}$ E^2 größer als die Fläche A_1.

31 Das Auto legt in der ersten Minute etwa 920 m zurück.

32 $s = 40\ m + 120\ m = 160\ m$

33

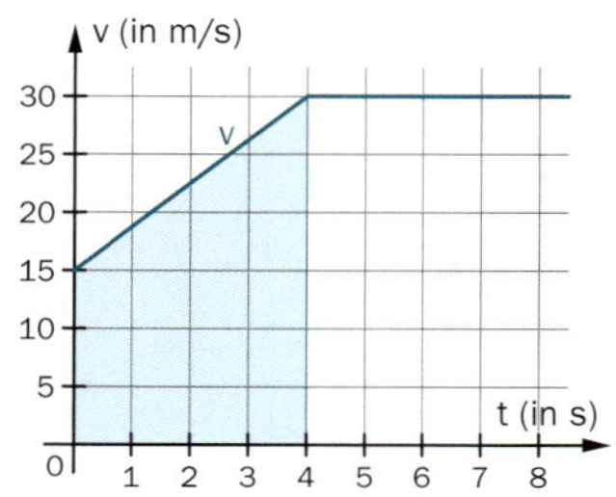

$s = 90\ m$

34 $L_6 = 5 \cdot (0{,}3 + 0{,}35 + 0{,}35 + 0{,}45 + 0{,}5 + 0{,}65) = 13$
$R_6 = 5 \cdot (0{,}35 + 0{,}35 + 0{,}45 + 0{,}5 + 0{,}65 + 0{,}7) = 15$
$\Rightarrow 13\ km \le s \le 15\ km$

35 32 m

36 $\int_0^{20} v(t)\,dt = -50$
Das Modellauto ist 20 Sekunden nach dem Start 50 m vom Ausgangsort entfernt (entgegen der ursprünglichen Fahrtrichtung).

37 Das Objekt ist 9 Sekunden nach Beginn der Beobachtung $\int_0^9 v(t)\,dt$ Einheiten vom Ausgangsort entfernt.

38

x			x	

39

x				x

40 $\int_0^3 v(t)\,dt = 2{,}25$
Die Spaziergänger befinden sich nach den ersten drei Stunden ihres Spazierganges ca. 2,25 km von ihrem Ausgangspunkt entfernt.

41

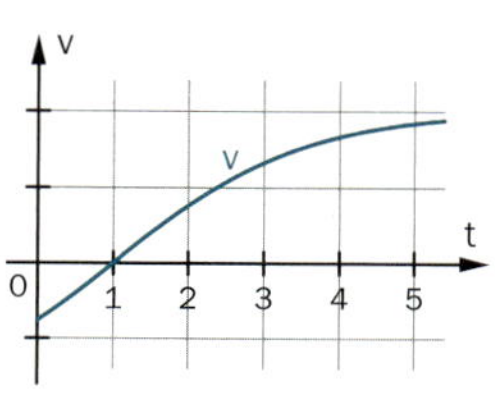

42 $\int_{0{,}2}^{0{,}4} F(x)\,dx$ ist die Arbeit, die notwendig ist, um die Feder von 0,2 m auf 0,4 m zu dehnen.

43 Hebearbeit = $\int_{6378000}^{36378000} \frac{G \cdot M \cdot 12000}{x^2}\,dx$

44 $W = \int_1^8 F(h)\,dh$

45 $0{,}5 \cdot 40 + 0{,}5 \cdot 38 + 0{,}5 \cdot 33 + 29 + 24 \cdot 0{,}5 + 21 = 117{,}5$
In den ersten 4 Stunden sind maximal 117,5 m^3 Wasser ausgeflossen.

46 10 cm + 60 cm + 5 cm = 75 cm

47 Im Zeitraum vom 2. bis zum 8. Tag gab es insgesamt 504 neu erkrankte Personen.

48 $\int_0^{20} g(x)\,dx + \int_{20}^{180} h(x)\,dx + \int_{180}^{200} f(x)\,dx =$
$= 800 + 12800 + 533{,}\dot{3} = 14133{,}\dot{3}$.
Der Pkw hat auf den 200 km insgesamt ca. 14,13 kg CO_2 emittiert.

49 Der Term gibt an, wie viel Liter Treibstoff in der ersten Minute in den Tank geflossen sind.

50 $G'(x) = f(x)$, daher ist G eine Stammfunktion von f, aber $F'(x) \neq f(x)$, daher ist F keine Stammfunktion von f.

51 F_1 und F_2 sind unbestimmte Integrale derselben Funktion, da sie sich um nur eine additive Konstante unterscheiden.

52 $f(x) = 2x + 3$

53 Die Aussage ist korrekt. Die Fläche, die durch $\int_0^x f(u)\,du$ aufgespannt wird, ist kleiner als die Fläche, die durch $\int_{-1}^x f(u)\,du$ aufgespannt wird.

54 Die Funktion F besitzt genau drei Nullstellen.

55 $F(x) - G(x) = -9 \Rightarrow F$ und G unterscheiden sich nur durch eine additive Konstante oder $F'(x) = G'(x) = -24x + 12$

56 Da F eine Stammfunktion von f ist gilt: $F'(x) = f(x)$. Für die Funktion G gilt: $G'(x) = f(x) + 1$. Da $F'(x) \neq G'(x)$ ist, können F und G nicht Stammfunktionen derselben Funktion sein.

57

x				x

58

x				x

59

	x		x	

60

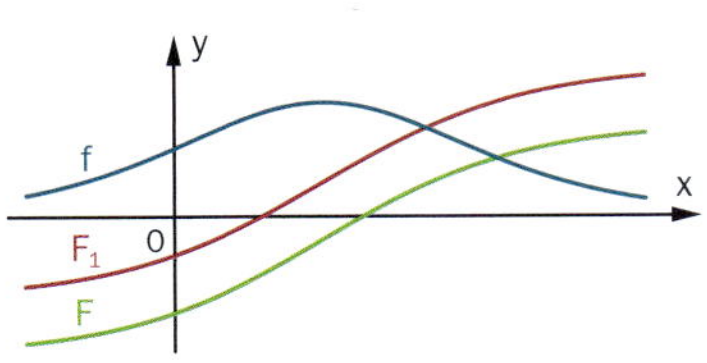

61

		x		x

62

	x		x	

63 z. B. $F_1(x) = \frac{x^4}{3} - \frac{4}{3}x^3 + 1$ und $F_2(x) = \frac{x^4}{3} - \frac{4}{3}x^3 - 4$

64 Nein, f und g sind nicht Stammfunktionen derselben Funktion, da sie sich nicht nur durch eine additive Konstante unterscheiden.

65 $\frac{a^2u^2}{2} + \frac{a^3}{3} + c \quad (c \in \mathbb{R})$

66 $\frac{a}{3}u^3 + a^2u + c \quad (c \in \mathbb{R})$

67 Im vorliegenden Beispiel wird nicht nach x, sondern nach a integriert. Es gilt: $\int (3x^2 + 2a)\,da = 3x^2a + a^2 + c$ mit $c \in \mathbb{R}$

68 $a = \frac{4}{3}$

69 E C D A

70

		x	x	

71 Wegen $\int x^n\,dx = \frac{x^{n+1}}{n+1} + c$ gilt: $\int x^{-2}\,dx = \frac{x^{-1}}{-1} + c = -\frac{1}{x} + c$

72

	x	x		

73 $F(x) = -2\cos(x) - 3 \cdot e^{2x} + c$ mit $c \in \mathbb{R}$

74 $a = -12$

75

	x	x		

76

	x	x	x	

77

			x		

78 $F(x) = \ln(x) + \frac{2\sqrt{x^3}}{3} + \frac{10}{3}$

79 Die Anwendung der Regel ist nicht notwendig, da $\sqrt{ax} = \sqrt{a} \cdot \sqrt{x}$ und damit $\int \sqrt{ax}\,dx = \sqrt{a} \cdot \int \sqrt{x}\,dx$ gilt.

80 $\int (6ab^2 + 2a^2b - 2b \cdot e^{3a})\,db = 2ab^3 + a^2b^2 - b^2 \cdot e^{3a} + c$ mit $c \in \mathbb{R}$

81 $\int (\sin(a) + 3\cos(a) \cdot \sin(b))\,da = -\cos(a) + 3\sin(a) \cdot \sin(b) + c$ mit $c \in \mathbb{R}$

82 $e^b \cdot \left(\frac{a^3}{3x} - \frac{a}{x}\right) + c \quad (c \in \mathbb{R})$

83

	x		x	

84 g ist Stammfunktion von f
mögliche Begründungen:
- f ist eine Funktion dritten Grades, g eine Funktion vierten Grades
- g hat bei $x = -3$ eine Extremstelle, f hat an dieser Stelle eine Nullstelle.
- Für $x < -3$ ist g streng monoton fallend und f nimmt nur negative Funktionswerte an.

85 Ja, die Funktion f kann eine Stammfunktion von g sein. Gründe:
- An den Nullstellen von g hat die Funktion f Extremstellen.
- An den Extremstellen von g hat die Funktion f Wendestellen.
- An der Stelle des lokalen Minimums der Funktion g hat die Funktion f eine negative Wendetangente.

86 f ist Stammfunktion von g.

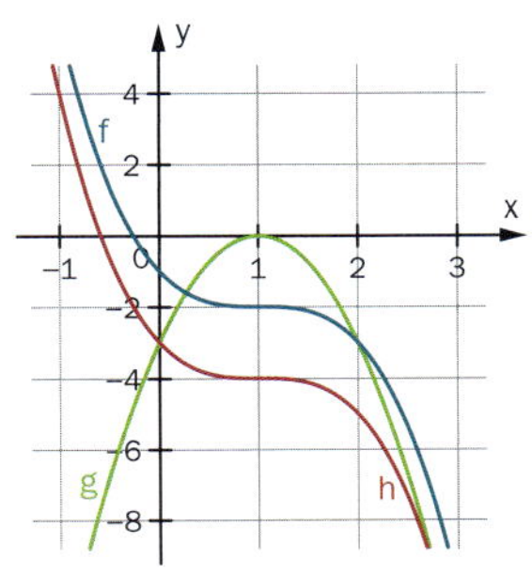

87

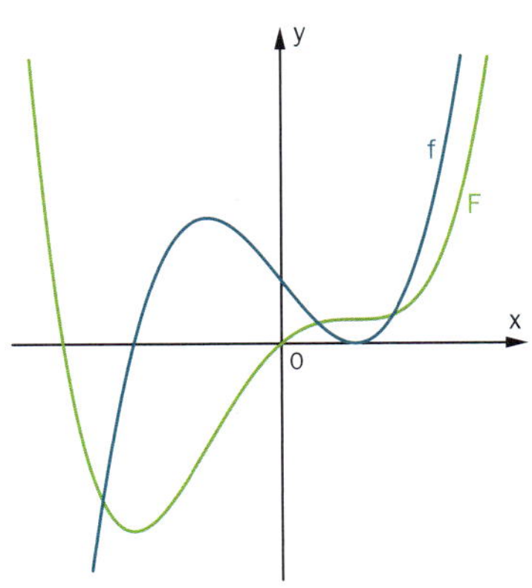

88 z. B. Die Funktion f weist an der Stelle $x = 0$ eine lokale Maximumsstelle auf, eine Stammfunktion von f müsste daher eine Wendestelle mit positiver Wendetangente aufweisen. Das ist aber bei der Funktion g an der Stelle $x = 0$ nicht der Fall.

89

		x	x	

90

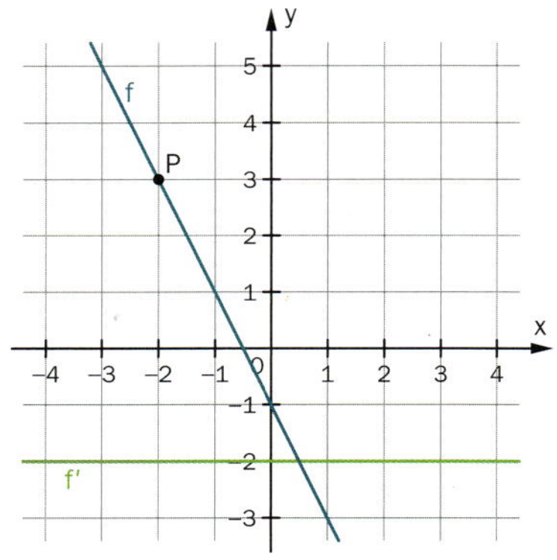

91 Die gesuchte Funkton ist eine Parabel mit Tiefpunkt an der Stelle $x = 1$; z. B.

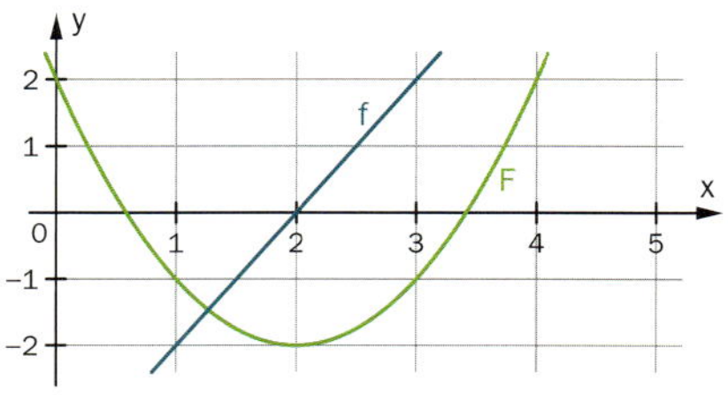

92 $\int_{-1}^{2} (x^3 - 4x + 4)\,dx = \frac{39}{4}$

93 $\int_{0}^{2} e^{0{,}5x}\,dx \approx 3{,}44$

94 $\int_{1}^{5} f(x)\,dx = 3{,}2$

95 $\int_{-1}^{2} f(x)\,dx = 0{,}5 \cdot (e^{4-1} - e^{1-1}) = 0{,}5 \cdot (e^3 - 1)$

96 $\int_{2}^{4} f(x)\,dx = F(4) - F(2) = 1 - 0 = 1$

97 $A = 4\,E^2$

98

		x		x

99 $a = -b$ (bzw. $b = -a$)

100 $\int_{-1}^{4} f(x)\,dx = 20$

101 $a = \frac{5}{3}$

102

			x	x

103

	x	x		

104 G ist keine Stammfunktion von f, da sich zwei Stammfunktionen derselben Funktion nur durch eine additive Konstante voneinander unterscheiden.

105

		x		x

106 z. B. $F_1(x) = \frac{\sin(5x)}{5} + 1$, $F_2(x) = \frac{\sin(5x)}{5}$

107 $\frac{1}{a} \cdot \sin(a \cdot x) + c$ mit $c \in \mathbb{R}$

108 $\int_{0}^{1} \sin(a \cdot x)\,dx = \frac{1}{a} \cdot (1 - \cos(a))$

109 $\frac{4}{a} e^{ax} + c$ mit $c \in \mathbb{R}$

110

x		x		

111

x				x

Kapitel 2

112 $A = 10{,}175\,E^2$

113 z. B. $A = \int_{-2}^{4} f(x)\,dx + \left|\int_{4}^{6} f(x)\,dx\right|$

114 z. B. $A = 2 \cdot \left[\left|\int_{0}^{\frac{\pi}{2}} f(x)\,dx - \int_{\frac{\pi}{2}}^{\pi} f(x)\,dx\right|\right]$

115 $A = |F(-1) - F(-3)| + (F(0) - F(-1)) = 5{,}75\,E^2$

116 $A = -\int_{-1}^{2} f(x)\,dx = 4{,}5\,E^2$ oder $A = \left|\int_{-1}^{2} f(x)\,dx\right| = 4{,}5\,E^2$

117

	x			x

118

	x		x	

119

		x		x

120

		x	x	

121

		x		x

122 $A = \int_{0}^{b} (b^2 - x^2)\,dx = \frac{2}{3} b^3$

123 $A = 8\,E^2$

124 $a = 3$

125 $a = 3$

126 $A = \int_{0}^{1} f(x)\,dx + \int_{1}^{4} g(x)\,dx$

127 $A = \int_{-2}^{2} [g(x) - f(x)]\,dx = 12{,}8\,E^2$

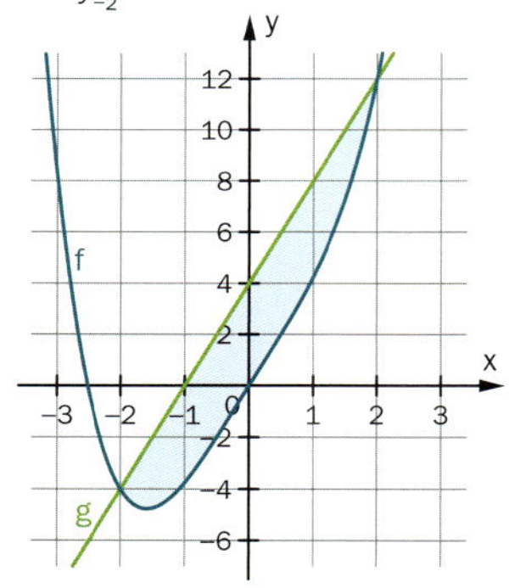

128 $A = 28{,}58\dot{3}\,E^2$

129

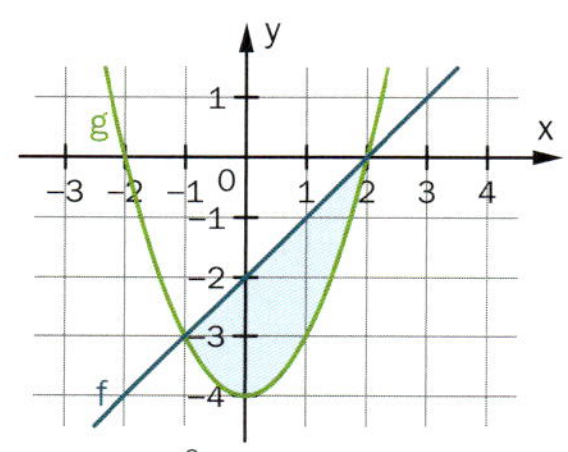

$A = 4{,}5\,E^2$

130 $A = \int_{1}^{4} |f(x) - g(x)|\,dx$

131 $A = \int_{0}^{4} [f(x) - g(x)]\,dx + \int_{4}^{8} [g(x) - f(x)]\,dx$

132

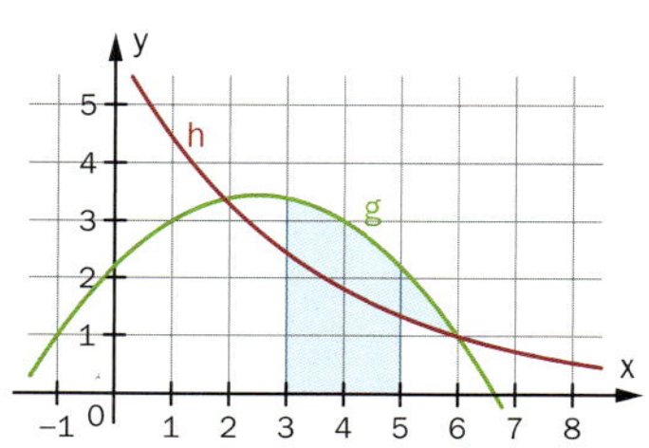

133

	x			x

134 $A = 19{,}6\,E^2$

135 $A = 8\,E^2$

136 $A_1 = F(0{,}5) - G(0{,}5) = 0{,}08$;
$A_2 = (G(4) - F(4)) - (G(0{,}5) - F(0{,}5)) = 16 - (-0{,}08) = 16{,}08$;
daher $A_1 + A_2 = 16{,}16$

137 Bremsweg = 157,5 m ist zu lang. Der Autofahrer muss stärker bremsen.

138 Bremsweg = $\int_{0}^{8} v(t)\,dt \approx 341{,}3$ m

139 $\int_{0}^{6} v(t)\,dt = 108$ Der Lkw legt in den ersten 6 Sekunden eine Strecke von 108 m zurück.

140 Anhalteweg = 57,5 m

141 s = 2025 m

142 $v(t) = 1{,}5t^2 + v_0$

143 $v(15) = 53{,}8$ m/s

144

		x	x	

145

x				x

146 Geschwindigkeitsabnahme = $\int_0^t a(u)\,du = 6t + 0{,}1t^2$;
daher $v(t) = 25 - 6t - 0{,}1t^2$

147 $h(t) = 6t - \frac{9{,}81}{2}t^2 + 10$ und $h'(2{,}16) \approx -15{,}2$ m/s

148 $\int_{0,5}^{0,8} F(x)\,dx = 78$
Um den Expander von 50 cm auf 80 cm zu dehnen ist eine Arbeit von 78 J nötig.

149 Es muss eine Arbeit von ca. 0,425 J aufgewendet werden.

150 $W = \int_{s_1}^{s_2} (k \cdot x)\,dx = k \cdot \left(\frac{s_2^2}{2} - \frac{s_1^2}{2}\right)$

151

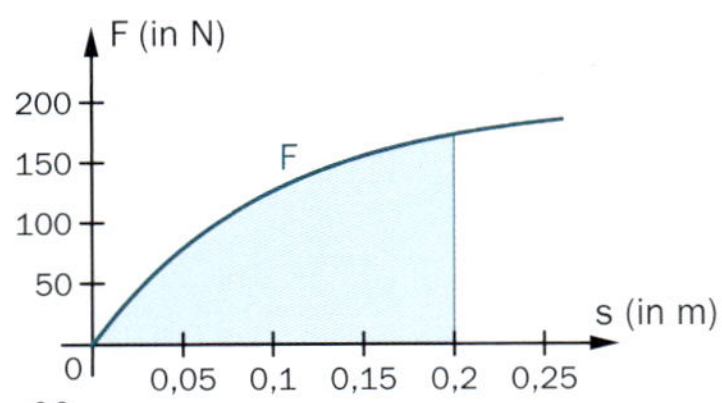

$\int_0^{0,2} F(s)\,ds \approx 22{,}7$ J
Um den Bogen 20 cm zu spannen, ist eine Arbeit von etwa 22,7 J notwendig.

152 Der Wert des Terms beschreibt die innerhalb eines Tages erbrachte Arbeit der Wärmepumpe (in kWh).

153 $\int_0^{10} P(t)\,dt \approx 59{,}9$ kWh

154 $W = \int_0^{24} P(t)\,dt \approx 10\,289$ Wh; daher $W \approx 37{,}04$ MJ

155 $V_z = \left[\int_0^7 V(t)\,dt - 3500\right] \cdot 10^6\ \text{m}^3$

156 Wassermenge = $\int_0^{20} 2(t-10)(t-20)\,dt = 1333{,}\dot{3}$
Nach 20 Stunden befinden sich zirka 1333 m^3 Wasser im Becken.

157 $\int_0^{80} f(x)\,dx + \int_{80}^{140} g(x)\,dx + \int_{140}^{160} h(x)\,dx \approx 5026{,}6 + 4800 + 533{,}3 = 10\,359{,}9$
Der Pkw legt eine Strecke von 160 km zurück und emittiert dabei insgesamt ca. 10,36 kg CO_2.

158 Dadurch, dass die Zuflussgeschwindigkeit konstant ist, gilt $c = \frac{110}{5{,}5}$ und daher $\int_0^1 v(t)\,dt = \int_0^1 c\,dt = \frac{110}{5{,}5} = 20$.
Interpretation: Innerhalb der ersten Minute sind 20 Liter Wasser in die Badewanne geflossen.

159 $m = \frac{1}{\pi}\int_0^{\pi} \sin(x)\,dx = \frac{2}{\pi}$

160 Das Integral $\int_0^3 f(x)\,dx = -\int_3^6 f(x)\,dx$ (da $A_1 = A_2$ ist), daher ist $\int_0^6 f(x)\,dx = 0$. Aus diesem Grund ist auch $\frac{1}{6}\int_0^6 f(x)\,dx = 0$

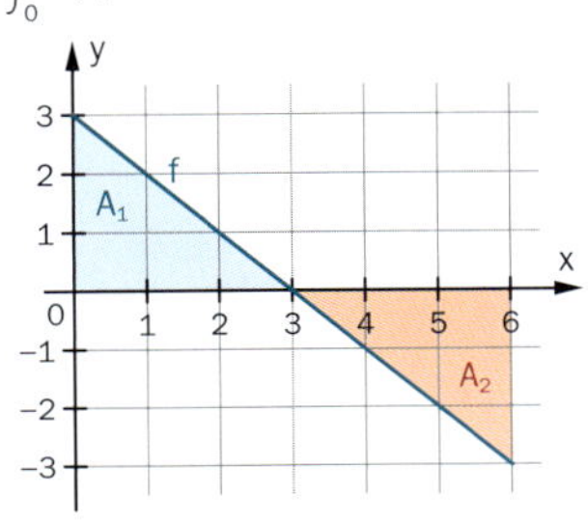

161 Die Durchschnittsgeschwindigkeit des Autos in den ersten 11 Sekunden der Beobachtung.

162 $\bar{v} = \frac{1}{20}\int_{10}^{30} v(t)\,dt \approx 11{,}87$ m/s

163 Im Mittel wurden im ersten Jahr pro Monat ca. 2900 Stück des neuen Produkts verkauft.

Kapitel 3

164 $a = 7{,}5$; $b = 12{,}5$

165 $P(15 \le X \le 19) \approx \int_{14,5}^{19,5} f(x)\,dx$

166 A F C B

167 C D A E

168 $\mu = 17$; $\sigma = 0{,}4$

169

		x		x

170

x			x	

171

			x	x

172

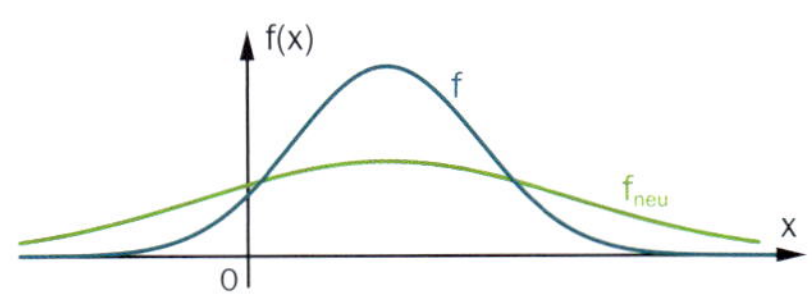

173

x			x	

174

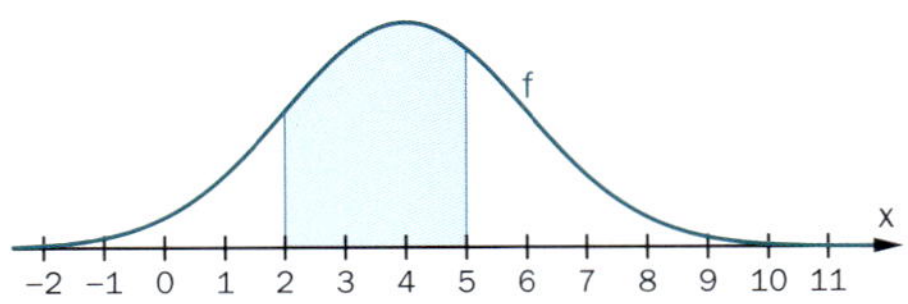

175 Die Wahrscheinlichkeit, dass eine zufällig ausgewählte Lehrperson mindestens 180 cm groß ist, beträgt 10%.

176

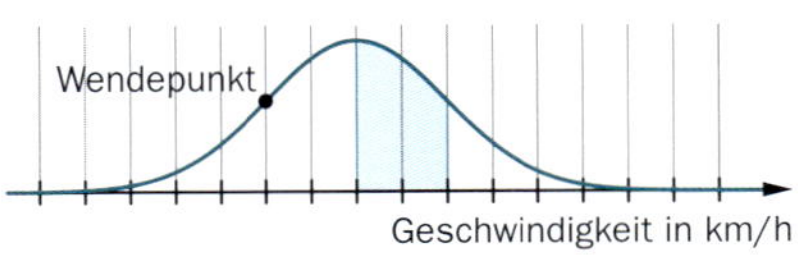

177

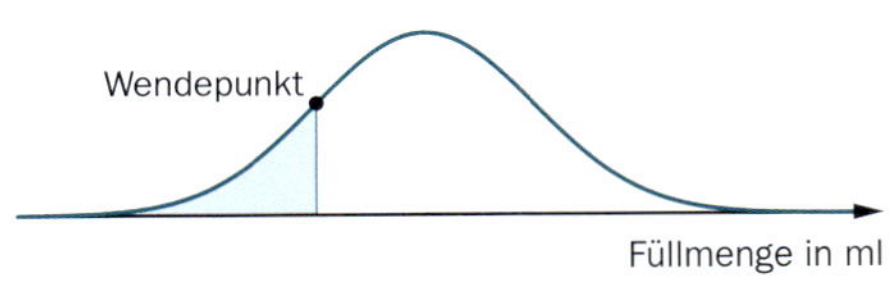

178 $P(X > 80) = 0{,}2$

179

x	x			

180 $P(X < 3{,}8) = 0{,}15$

181 $P(X < 57) = 1 - 0{,}85 = 0{,}15 \Rightarrow$
$P(X > 73) = P(X < 57) = 0{,}15 \Rightarrow$
$P(X > 57) - P(X > 73) = 0{,}85 - 0{,}15 = 0{,}7$

182 B C A F

183 $P(X < 5) \approx 84{,}15\,\%$

184 $1 - P(45 < X < 55) \approx 0{,}317$

185

x			x	

186 etwa 13,4 % Ausschuss

187 $P(X > 8{,}3) \approx 0{,}0013$

188 für ca. 11,5 %

189

x			x	

190 Der Flächeninhalt unterhalb der Dichtefunktion f ist unabhängig davon, ob man die Begrenzungsstrecke dazu nimmt oder nicht.
Es gilt nämlich: $P(X = x_1) = \int_{x_1}^{x_1} f(x)\,dx = 0$

191

x				x

192

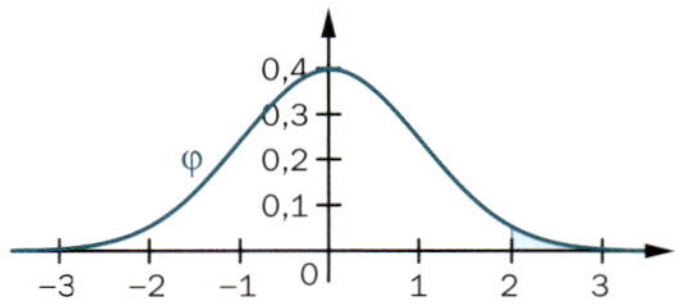

193

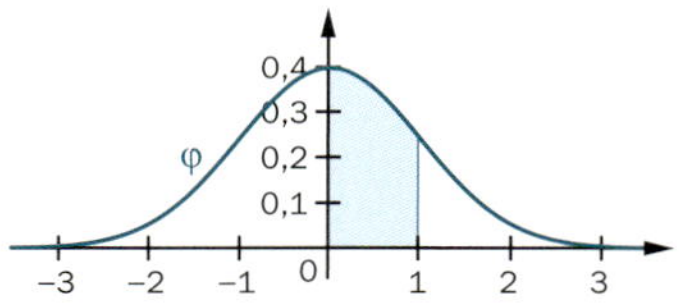

194 E A D C

195

	x			x

196 $P(Z < 1{,}96) \approx 97{,}5\,\%$

197 $P(-1{,}96 < Z < 1{,}96) \approx 95\,\%$

198 $P(Z > -1{,}65) \approx 95{,}1\,\%$

199

x	x			

200

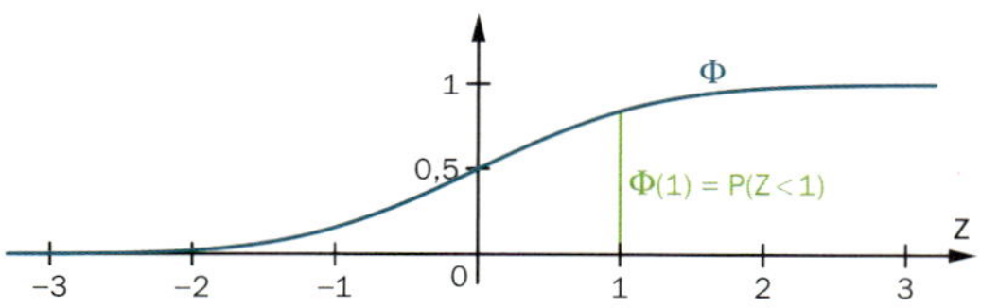

201 B D C A

202 $P(45 < X < 50) = P(-1{,}5 < Z < 1)$

203

x	x			

204 $P(X \leq a) = \Phi\left(\frac{a-\mu}{\sigma}\right)$

205 5,18 g

206

x		x		

207 mindestens 112 Punkte

208 [61,59; 74,41]

209 $\sigma \approx 7{,}3$ ml

210 $\sigma \approx 5{,}46$ cm

211 $\mu \approx 16{,}065$ s

212 ca. 1,03 Liter

213 Faustregel: $\sqrt{np(1-p)} > 3$ (d.h. $\sigma > 3$)

214

x		x		

215 Die Wahrscheinlichkeit, dass mindestens 90 Preise an Schülerinnen und Schüler gehen, beträgt 0,79.

216 $n = 325$

217 Wahrscheinlichkeit, dass das Blut einer Frau keine Toxoplasmoseantikörper erhält: 80 %

218

		x		x

219 X = Anzahl richtiger Antworten ist binomialverteilt mit $\mu = 20$ und $\sigma = 4$. Daher $P(X \geq 40) = P(X \geq \mu + 5\sigma) \approx 0$

220 $P(X \geq 2000) \approx 14{,}4\,\%$

221

	x	x		

222

x			x	

223 Wenn die Firma sehr oft solche Produkttests mit jeweils 500 Personen durchführt, wird sie durchschnittlich in 95 % ein Konfidenzintervall erhalten, welches den wahren Anteil der potentiellen Käufer enthält. Der konkret durchgeführte Produkttest liefert das Intervall $I = [62{,}1\,\%; 65{,}4\,\%]$.

224 Diese Interpretation ist nicht korrekt. Es lässt sich auf Basis des Konfidenzintervalls nämlich keine sichere Aussage über die Frauen des ganzen Landes treffen. Das Konfidenzintervall bedeutet, dass bei weiteren Erhebungen in 95 % der Fälle das jeweils errechnete Konfidenzintervall den wahren Anteil der Frauen, die von 160 cm bis 178 cm groß sind, enthält.

225 von 475 Intervallen

226 näherungsweise [0,668; 0,748]; exakt: [0,667; 0,746]

227 näherungsweise [72,3 %; 79,7 %]; exakt: [72,1 %; 79,5 %]

228

x		x		

229

x		x		

230

	x			x

231 $n_B < n_C < n_A$

232 [0,17; 0,23]

233 C – A – B

234 Unter der Annahme, dass beide Stichproben gleich groß sind, gilt $\gamma > \gamma^*$; wenn das Konfidenzniveau in beiden Fällen gleich hoch war, so kann auf Basis der obigen Angaben $n < n^*$ gefolgert werden.

235 8829 Personen

236 $\gamma = 0{,}896$

237 $K = \{0, 1, 2, ..., 15\}$

238 Irrtumswahrscheinlichkeit ≈ 24,5 %.

239 Irrtumswahrscheinlichkeit ≈ 19 %. Mit einer Wahrscheinlichkeit von 19 % sind mindestens zwei Koffer beschädigt, obwohl die Ausfallsrate beim Verladen weiterhin 4 % ist. Mit einer Wahrscheinlichkeit von 19 % nimmt man an, diese Rate wäre gestiegen, obwohl sie in Wirklichkeit gleich gebieben ist und setzt daher unnötigerweise Maßnahmen, um die vermeintlich gestiegene Ausfallsrate wieder zu senken.

240 $K = [36; 900]$ Bei mehr als 35 Fehlgeburten nimmt man an, dass die Quote der Fehlgeburten gestiegen ist und setzt entsprechende Maßnahmen. Die Wahrscheinlichkeit, dass dies irrtümlich passiert, beträgt ungefähr 5 %.

Kapitel 4

241 Bei jedem Zeitschritt wird die Bestandsgröße y um 7 größer, wächst also um denselben Wert. Es handelt sich daher um ein lineares Wachstum.

242 Umsatz im 12. Jahr = 34,25 Millionen

243 $x_{n+1} = x_n - 6{,}2$

244 $P_{n+1} = P_n + 3{,}60$ oder $P_n = 3{,}60 \cdot n$

245 4,2: Der Grundpreis z. B. für den Versand beträgt 4,20 €.
1,2: Eine Weihnachtskarte kostet 1,20 €.

246 Zu Beginn sind 10 Euro im Sparschwein, pro Monat kommen 15 Euro dazu.

247

	x			x

248 $R_{n+1} - R_n = 60$, $R_0 = 250$

249 Pro Jahr wächst der Baum um 1,2 m d. h. die Wachstumsgeschwindigkeit des Baumes beträgt 1,2 m pro Jahr.

250

x		x		

251

x				x

252

		x		x

253 Die Beschleunigung des Motorradfahrers beträgt konstant 6 m/s².

254 Die angegebene momentane Änderungsrate $\frac{db}{dt} = B'(t)$ ist konstant. Es handelt sich daher um das lineare Modell.

255 C D E F

256 Pro Jahr steigt der Wert des Warenkorbs um 2 % (= Inflationsrate).

257

x				x

258 Ja, es liegt ein exponentielles Wachstum vor, da der Zuwachs der Größe y (d. h. $y_{n+1} - y_n$) proportional zum jeweils letzten Bestand y_n ist.
Der Proportionalitätsfaktor ist 0,7. Die Größe y wächst daher bei jedem Zeitschritt um 70 %.

259

		x		x

260 $A_{n+1} = A_n \cdot 1{,}1$

261 $W_{n+1} - W_n = 0{,}25\,W_n$

262

		x	x	

263

		x		x

264 14 Tage, weil $500 \cdot 3^{13} = 797\,161\,500$ und $500 \cdot 3^{14} = 2\,391\,484\,500$

265 107 Stunden, weil für $q = \sqrt[8]{2}$ gilt $100 \cdot q^{106} \approx 974\,198$ und $100 \cdot q^{107} \approx 1\,062\,371$

266 E F B D

267 $P(x) = 20 \cdot e^{-0{,}46x}$

268 $\frac{dA}{dt} = 0{,}7 \cdot A(t)$

269 $\frac{dI}{dx} = -\alpha I$ mit $\alpha \in \mathbb{R}^+$ und $I(x) = 100\,e^{-\alpha x}$

270 $E_{n+1} = 1{,}035\,E_n - 18$

271 Interpretation von 0,6: 40 % des im Körper vorhandenen Medikaments wird in einem Tag abgebaut.
Interpretation von 4: Frau Schnabl nimmt täglich 4 mg des Medikaments zu sich.

272

x		x		

273 $E_3 = 0{,}975 \cdot E_2 + 30\,000$

274 Pro Tag steigt durch die Einnahme des Medikaments die Konzentration des Wirkstoffes im Blut um 0,03 mg/l, während täglich auch 9,9 % des Wirkstoffes durch den Körper abgebaut werden.

275 c = 25 % von 6 = 1,5

276

x			x	

277

	x			x

278 A E B C

279 $B_0 > 20\,000$

280 Eine lineare Differentialgleichung der Form $y_{n+1} = a \cdot y_n + b$ beschreibt genau dann eine diskrete exponentielle Zunahme, wenn $a > 0$ und $b = 1$ ist.

281 Grenzwert = 70

282 $U_{n+1} - U_n = 0{,}035 \cdot U_n$

283 $a = 0{,}5$; $b = 5$

284 $a = 2$; $b = 3$

285 $R_{t+1} = R_t - 0{,}7$

286

	x			x

287

		x			

288

		x	x	

289

			x	x

Fläche $\Phi(z)$ unter der Normalverteilungskurve von $-\infty$ bis z: $\Phi(z) = \frac{1}{\sqrt{2\pi}}\int_{-\infty}^{z} e^{-\frac{t^2}{2}}\,dt$

z	. , . 0	. , . 1	. , . 2	. , . 3	. , . 4	. , . 5	. , . 6	. , . 7	. , . 8	. , . 9
−2,9	0,00187	0,00181	0,00175	0,00169	0,00164	0,00159	0,00154	0,00149	0,00144	0,00139
−2,8	00256	00248	00240	00233	00226	00219	00212	00205	00199	00193
−2,7	00347	00336	00326	00317	00307	00298	00289	00280	00272	00264
−2,6	00466	00453	00440	00427	00415	00402	00391	00379	00368	00357
−2,5	00621	00604	00587	00570	00554	00539	00523	00508	00494	00480
−2,4	00820	00798	00776	00755	00734	00714	00695	00676	00657	00639
−2,3	01072	01044	01017	00990	00964	00939	00914	00889	00866	00842
−2,2	01390	01355	01321	01287	01255	01222	01191	01160	01130	01101
−2,1	01786	01743	01700	01659	01618	01578	01539	01500	01463	01426
−2,0	02275	02222	02169	02118	02068	02018	01970	01923	01876	01831
−1,9	0,02872	0,02807	0,02743	0,02680	0,02619	0,02559	0,02500	0,02442	0,02385	0,02330
−1,8	03593	03515	03438	03362	03288	03216	03144	03074	03005	02938
−1,7	04457	04363	04272	04182	04093	04006	03920	03836	03754	03673
−1,6	05480	05370	05262	05155	05050	04947	04846	04746	04648	04551
−1,5	06681	06552	06426	06301	06178	06057	05938	05821	05705	05592
−1,4	08076	07927	07780	07636	07493	07353	07215	07078	06944	06811
−1,3	09680	09510	09342	09176	09012	08851	08691	08534	08379	08226
−1,2	11507	11314	11123	10935	10749	10565	10383	10204	10027	09853
−1,1	13567	13350	13136	12924	12714	12507	12302	12100	11900	11702
−1,0	15866	15625	15386	15151	14917	14686	14457	14231	14007	13786
−0,9	0,18406	0,18141	0,17879	0,17619	0,17361	0,17106	0,16853	0,16602	0,16354	0,16109
−0,8	21186	20897	20611	20327	20045	19766	19489	19215	18943	18673
−0,7	24196	23885	23576	23270	22965	22663	22363	22065	21770	21476
−0,6	27425	27093	26763	26435	26109	25785	25463	25143	24825	24510
−0,5	30854	30503	30153	29806	29460	29116	28774	28434	28096	27760
−0,4	34458	34090	33724	33360	32997	32636	32276	31918	31561	31207
−0,3	38209	37828	37448	37070	36693	36317	35942	35569	35197	34827
−0,2	42074	41683	41294	40905	40517	40129	39743	39358	38974	38591
−0,1	46017	45620	45224	44828	44433	44038	43644	43251	42858	42465
−0,0	50000	49601	49202	48803	48405	48006	47608	47210	46812	46414
0,0	0,50000	0,50399	0,50798	0,51197	0,51595	0,51994	0,52392	0,52790	0,53188	0,53586
0,1	53983	54380	54776	55172	55567	55962	56356	56749	57142	57535
0,2	57926	58317	58706	59095	59483	59871	60257	60642	61026	61409
0,3	61791	62172	62552	62930	63307	63683	64058	64431	64803	65173
0,4	65542	65910	66276	66640	67003	67364	67724	68082	68439	68793
0,5	69146	69497	69847	70194	70540	70884	71226	71566	71904	72240
0,6	72575	72907	73237	73565	73891	74215	74537	74857	75175	75490
0,7	75804	76115	76424	76730	77035	77337	77637	77935	78230	78524
0,8	78814	79103	79389	79673	79955	80234	80511	80785	81057	81327
0,9	81594	81859	82121	82381	82639	82894	83147	83398	83646	83891
1,0	0,84134	0,84375	0,84614	0,84849	0,85083	0,85314	0,85543	0,85769	0,85993	0,86214
1,1	86433	86650	86864	87076	87286	87493	87698	87900	88100	88298
1,2	88493	88686	88877	89065	89251	89435	89617	89796	89973	90147
1,3	90320	90490	90658	90824	90988	91149	91309	91466	91621	91774
1,4	91924	92073	92220	92364	92507	92647	92785	92922	93056	93189
1,5	93319	93448	93574	93699	93822	93943	94062	94179	94295	94408
1,6	94520	94630	94738	94845	94950	95053	95154	95254	95352	95449
1,7	95543	95637	95728	95818	95907	95994	96080	96164	96246	96327
1,8	96407	96485	96562	96638	96712	96784	96856	96926	96995	97062
1,9	97128	97193	97257	97320	97381	97441	97500	97558	97615	97670
2,0	0,97725	0,97778	0,97831	0,97882	0,97932	0,97982	0,98030	0,98077	0,98124	0,98169
2,1	98214	98257	98300	98341	98382	98422	98461	98500	98537	98574
2,2	98610	98645	98679	98713	98745	98778	98809	98840	98870	98899
2,3	98928	98956	98983	99010	99036	99061	99086	99111	99134	99158
2,4	99180	99202	99224	99245	99266	99286	99305	99324	99343	99361
2,5	99379	99396	99413	99430	99446	99461	99477	99492	99506	99520
2,6	99534	99547	99560	99573	99585	99598	99609	99621	99632	99643
2,7	99653	99664	99674	99683	99693	99702	99711	99720	99728	99736
2,8	99744	99752	99760	99767	99774	99781	99788	99795	99801	99807
2,9	99813	99819	99825	99831	99836	99841	99846	99851	99856	99861